EPSYLON

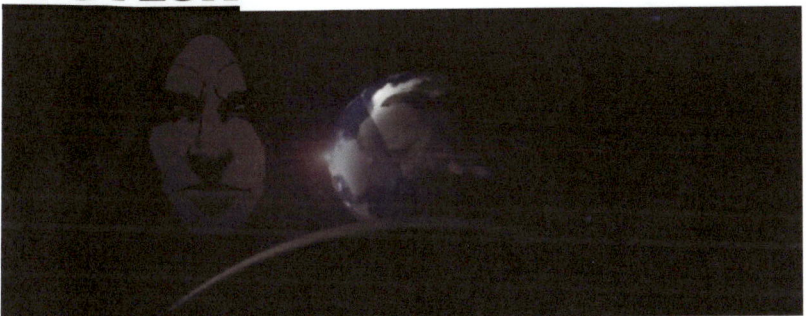

Nuestros hermanos de Epsylon están con nosotros. (la primera vez que me indican que quieren aparecer físicamente, como véis, son humanos...hehe!!!).

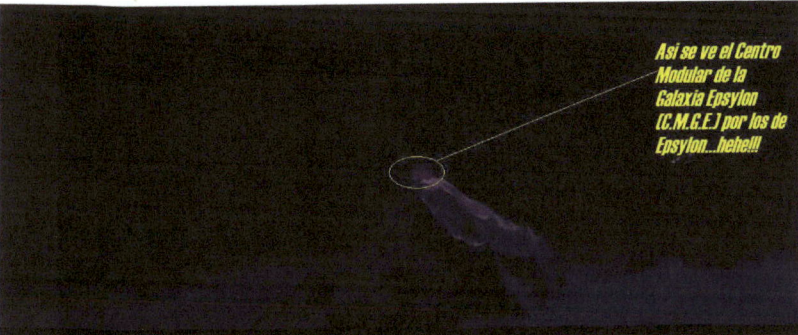

Asi se ve el Centro Modular de la Galaxia Epsylon (C.M.G.E.) por los de Epsylon...hehe!!!

Asi se ve el Centro modular de la Galaxia Epsylon (C.M.G.E.),desde el punto de vista de los de Epsylon.

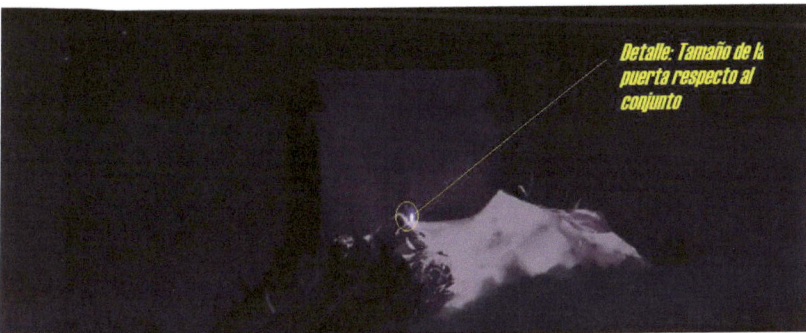

Detalle: Tamaño de la puerta respecto al conjunto

#Centro Modular de la Galaxia Epsylon (Edificio y detalles, Representación Gráfica).

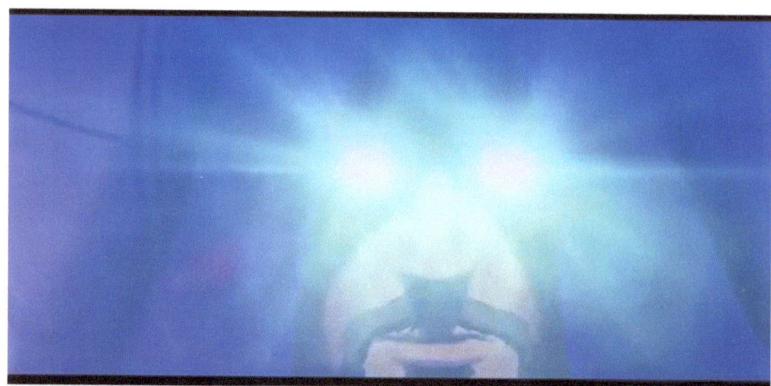

#Mensaje Recibido!!...heheh!!

#Mensaje Insekto en el Centro Modular de la Galaxia Epsylon (C.M.G.E.)

#Nuevos Mensajes Insekto...

#Ésta es la Ciudad Subterránea Intraterrestre que se encuentra bajo el Centro Modular de la Galaxia Epsylon (C.M.G.E.P a muchas millas bajo tierra.Un gran conducto que nos lleva hacia la Ciudad Intraterrena...hehe!!!.

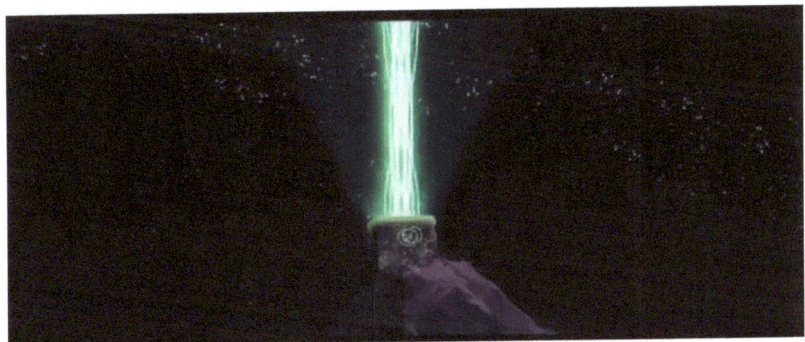

#Es asi que funciona...hehe!!!.

Siguiendo con el Proyecto Dulce : "Pine Gap - Alice Springs, Australia. This base is a massive multi-levelled facility run by the "Club of Rome" which, like the 'Bildeberger' organization, is reputedly a cover for the Bavarian Illuminati. The article spoke of antigravity disk research, and plans to make Pine Gap a major "control center" for a "New World Order". Pine Gap is equipped with whole levels of computer terminals tied-in to the major computer mainframes of the world which contain the intimate details of most of the inhabitants of industrialized nations.".

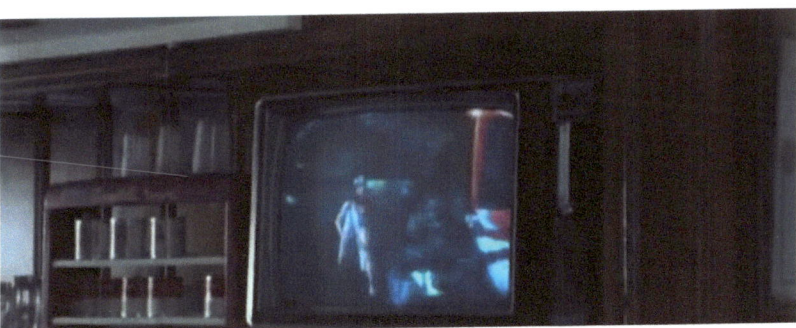

Uma nota : Este Alpha Draconiano (con una gran cola y enormes alas) aparace en un telefilme em el bar en 1984 al que entran los dos marineros que se lanzan por la borda del E.C. Eldridge em el 1943 donde se realizo "El

Experimento Philadelphia", según muchos colaboradores en el proyecto éste era dirigido por un grupo elegido de Alpha-draconianos y Grises, Casualidad?...hehe!!!.
La camarera que les sirve el café también parece bastante reptiliana...hehe!!!

Von Neuman, Nicolas Tesla y Albert Einstein , junto a otros que sirvieron de testigos y luego escribieron sobre el caso, como Edward Cameron y Preston B. Nichols..., trabajaron juntos en el experimento Philadelphia y para perfeccionar la Teoría del Campo Unificado que sería la base del mimso, así como el proyecto Montauk, y la relación de la NSA ,la MJ-12 o PI-12 con los extraterrestres hostiles, regresivos, como Grises y Draconianos que asesoraron de cerca tales proyectos, esto es viéndolo desde un punto de vista más completo.
Así, como sabes, hemos distribuido nuestras bases por todo el planeta, de manera adyacente y aleatoria a las bases de Grises y Reptilianos, allí donde te encuentras existe una gran falla bajo tierra donde cohabitan los intraterrestres y una escisión de pleyadianos, también muy cerca una colonia de Alfa-draconis con 22 miembros de la alta élite o realeza reptiliana,sobre todo a uno de ellos, es un ejemplar gigantesco y habita cerca del emplazamiento de donde habitáis, requiere mucho alimento y energía negativa, muhos grises están yendo allá a construir una base con las fuerzas armadas brasileñas en Santa maría, donde ocurrió la tragedia de la discoteca kiss, con protagonismo de estos alfa-draconianos y grises disfrazados de humanos,o directamente clones humanos monitoreados por grises, y todo "aderezado" bajo la atenta vigilancia de las fuerzas armadas brasileñas, sin intervenir...Lo que te preguntas es que tiene que ver eso contigo.....bueno, los atentados de Al-qaeda en Madrid ,o supuestamente de Al-Qaeda, tuvieron que ver contigo, así como el 11S, de manera directa, así como el "atentado" de la discoteca kiss, pero es una información que de momento no podemos revelarte,simplemente debes saber que estás en el lugar correcto haciendo lo que es debido,nada más. gracias.Es así que funciona,Epsylon.

Formando parte del programa SETI de búsqueda de Inteligencia Extraterrestre o Exobiología, como se vino a denominar desde entonces, el Radiotelescopio de Arecibo, Puerto Rico 12/10/1992 cal. Greg.

http://www.ustream.tv/channel/live-iss-stream

http://peticionpublica.es/pview.aspx?pi=ES73848 Recogida de firmas por la vuelta de los exiliados políticos a España.

70. "Arroja lo que hay en tu mano derecha; se tragará lo que ellos han forjado. pues lo que han forjado no es más que trucos de magos. Y un mago no puede triunfar sea cual sea su origen";

وَأَلْقِ مَا فِي يَمِينِكَ تَلْقَفْ مَا صَنَعُوٓاْ إِنَّمَا صَنَعُواْ كَيْدُ سٰحِرٍ ۖ وَلَا يُفْلِحُ السَّاحِرُ حَيْثُ أَتَىٰ ۞

Sura Ta Ha ,El Sagrado Corán, pag 466.

It is my belief that even if there is a fascist-CIA cabal trying to establish a world dictatorship using the 'threat' of an alien invasion to foment world government, that the 'threat' may be real all the same. It is also possible that the 'Bavarians' may be working with very REAL aliens in an end-game designed to establish a world government using this 'threat' as an excuse to do so, although when the world is under 'their' control the Illuminati may betray the human race by turning much of the global government control- system over to the Grey aliens (the Beast?). The aliens may have been collaborating with the Bavarians for a very long time as part of their agenda to implement absolute electronic control over the inhabitants of planet earth. One source, an Area 51 worker -- and member of a secret Naval Intelligence group called COM-12 -- by the name of Michael Younger, stated that the Bavarian Black Nobility (secret societies) have agreed to turn over three-quarters of the planet to the Greys if they could retain 25 percent for themselves and have access to alien mind-control technology. The aliens would assist in the abduction, programming and implanting of people throughout the world in preparation for a New World Order -- which in turn would be annexed to the alien empire. Apparently some top-echelon Bavarians have agreed to this, since they realize that they *NEED* the alien mind-control and implant technology in order to carry out their plans for world domination. In his lengthy letter, Jim Bennett, director of the research organization 'PLANET-COM', writes:"La Base de Dulce y la Conexión Nazi

Durante estas hojas-transmisiones te enseñaremos quiénes somos, de donde venimos, y porqué estamos aquí, te enseñaremos todo lo que necesitáis saber sobre cosmo-ingeniería y todo tipo de Conocimientos que traemos desde nuestro hogar Epsylon,empezaremos con vosotros ,con la cirujia trans-modular , un protocolo necesario antes de iniciar cualquier proccedimiento de transmisión para evitar rastreos , implantaciones y demás tecnologías de razas hostiles que pueden haber insertado en el campo energético o en cualquiera de los tres cuerpos de los que se compone un ser humano, nosotros también somos humanos...hehe!!! " (Esta narración tiene una longitud de 12000 lups que se pliegan en 3000 sectores o sea 2111 páginas vuestras.)este libro se lo dedico a mi esposa Tanambi Kunha, a mi hija Sophia Atenea y a mi madre Francisca Arce, ...las 3 guerreras supremas que me enseñaron que amar es luchar, Os quiero!!!...va por vosotr@s!!! hehe!!!

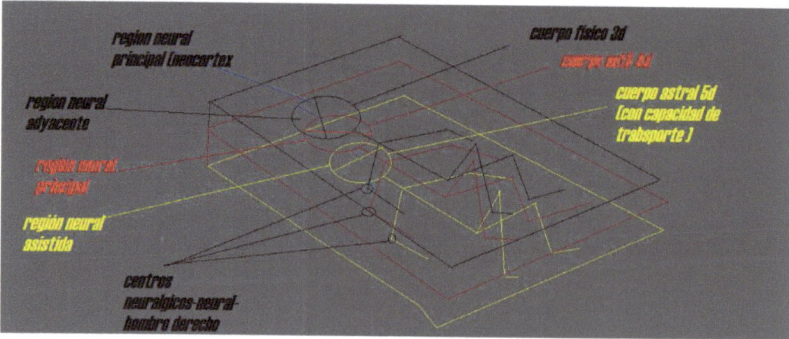

"Esta presentación energética de nuestros 3 cuerpos es muy necesaria para comenzar cualquier libro-compendio y poder explicar con seguridad lo que hemos venido a decirte, siempre debes exigir esta presentación en cualquier sistema al que vayas o quienquiera que entres en contacto, sobre todo cuando se trata de desglosar toda una enciclopedia Cósmico-Galáctica como es el caso.
Lo dividiremos en varias partes que ya irás viendo, naves, bases nuestras y de nuestros enemigos, componentes básicos de nuestra cultura, educación, economía, formas de ocio, política ,ciencia, tecnología, agronomía de los espacios infinitos, ecologías neurales, inversiones , universales,palabras que no te han de decir nada , de momento, pero que con el tiempo y en el tiempo lograrás vertebrar en un auténtico compendio de conocimiento desconocido en tu tiempo y lugar, pero muy conoido en el resto del Universo, no solamente de daremos conocimientos históricos sino las últimas novedades de nuestra forma de vida y con las hemos estado comunicados hasta hora y con las que nos comunicaremos en el futuro gracias a vosotros, de hecho vosotros sois nosotros, y nos tenéis que enseñar más que nosotros a vosotros, somos Ellos, somos Uno.

Como es lógico vuestro planeta ha sido invadido por razas hostiles que se han ido acoplando a energías antiguas de control y dominio, como es natural nosotros venimos a ayudaros a reconquistar sus bases en Terra, en la luna y en otros lugares, y coverirlas en conocimiento y uso público, al mismo tiempo haceros asequibles nuevas tecnologías con las que combatirlos y construir vuestras propias formas culturales y así plegar el cosmos junto al resto de sistemas, pero mientras no ganemos esta guerra junto a vosotros no podemos seguir adelante con la implantación estelar, es una lucha mútua, fuimos atacados por ellos y los vencimos, ahora os enseñaremos cómo lo hicimos.De facto estas palabra son una garantía de la victoria, porque ya está injertada en vosotros, lo habéis logrado, y estamos aquí por eso, para que la desarrolléis, sólo es cuestión de tiempo, bienvenidos...hehe!!!.Llevamos contigo toda tu vida, acompañándote y dirigiéndote, sin darte cuenta,los últimos días te hemos enviado un recopilatorio de nuestros mejores momentos contigo y lo has comprobado, ahora todos somos conscientes y estamos corporizando las sensaciones,te suena?...hhh."

Así como tenéis 3 cuerpos también nuestro conocimiento se divide en 3 cuerpos ,todo lo que sabemos se encuentra en 3 cuerpos y sigue el mismo esquema de nuestros 3 cuerpos físicos de arriba.

Estructura de "Epsylon"
3 cuerpos :
1-Cuerpo Físico 3d:
-Region Neural Adyacente
-Centro Neural-Neuralgico Hombro Derecho

2-Cuerpo Sutil 4D:
-Región Neural Principal
-Centros Neurálgicos-Neural Hombro Derecho
3-Cuerpo Astral 5D (Con capacidad de transporte)
-Región Neural Asistida
-Centros Neuralgicos-Neural Hombro Derecho
4-Región Neural Principal: Neurocortex

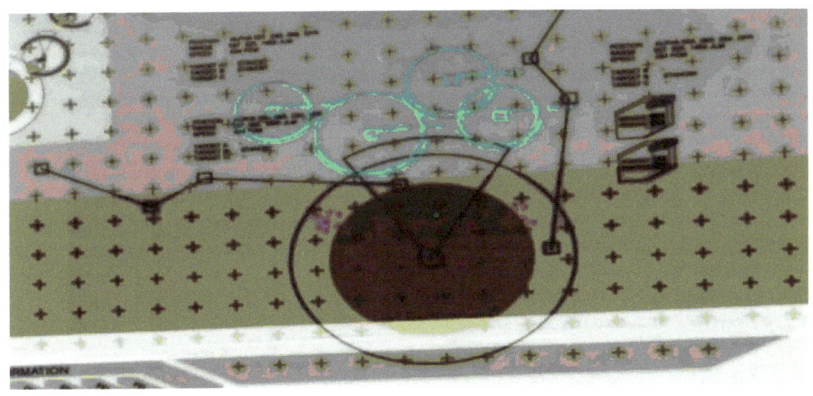

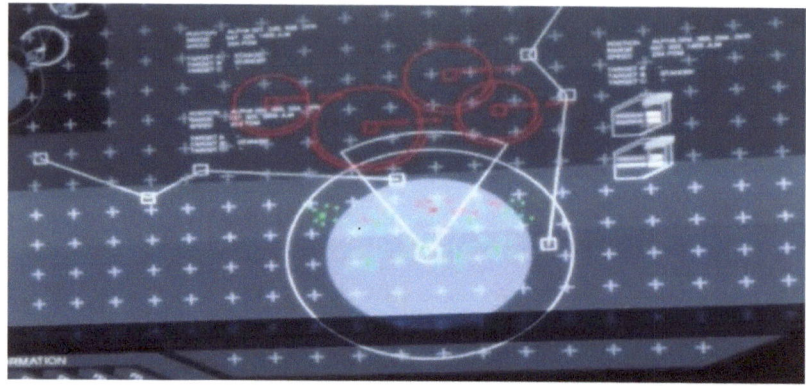

Cuerpo Físico 3D :
El Nivel 11:
Cuando un cuerpo de los tres que conocemos -el que se transporta- sube al más alto nivel decimos que ha subido al Nivel 11, donde accede a todo el caudal de conocimiento del Universo y a todas sus capacidades, de hacer cualquier cosa, y lo logra por medios tecnológicos, mecánicos ,pues se trata de una especie de "ascensor de almas" en el que nos colocamos y ascendemos, vosotros lo podéis hacer por medios mentales, nosotros ,no, simplemente es necesario que sepáis esto....hehe!!!

La Matriz del Protocultivo :
Todos los grandes científicos de vuestra historia nos conocen, les hemos dado ideas, detalles, pero sobre todo ánimos cuando más desesperaban ,nuestro mejor amigo fue Leonardo da Vinci, y existe un manuscrito sobre nosotros donde se relatan las vicisitudes mutuas, esclarecedor,Beethoven, Julio César, Ibn Sina, Mozart...fueron contagiados por nuestra locura de vivir, Picasso, George Washington, Gengis Khan, Marco Polo, también han sido visitados y comunicábamos con ellos constantemente a lo largo de sus vidas, recuentos de estos encuentros podrían llevarnos miles,cientos de miles de páginas, pues nuestros destinos son mutuos,a todo este conglomerado de biografías le llamamos la matriz del procultivo, porque nuestro cultivo es el conocimiento que es diseminado en lugares, en cerebros elegidos como si fueran campos de labor, y así recogemos los frutos tras cuidar muy bien de nuestros campos, abonarlos, limpiar las malas hierbas,etc..Los resultadois son obviamente colectivamente repartidos, ahora ellos se encuentran con nosotros trabajando e investigando las maravillas del cosmos.

Este es el inicio de la Película "Las Aventuras de Buckaroo Banzai", que queremos que incluyas en el libro :
"Buckaroo Banzai, hijo de madre americana y padre japonés, inició su vida tal como iba a vivirla...en varias direcciones a la vez.Brillante neurocirujano, no se sentía plenamente realizado dedicando su vida en exclusiva a la medicina.Recorrió el planeta estudiando artes marciales y física de partículas, y reunió en torno suyo a un grupo de amigos,los rockeros y científicos llamados "Los Caballeros de Hong-Kong".
Ahora, con su asombroso coche supersónico preparado para superar la barrera de las dimensiones, Banzai se enfrenta al mayor desafío de su turbulenta vida...Mientras tanto, una nave extraterrestre vigila los movimientos de Banzai y sus amigos... ".
Así, como sabes, hemos distribuido nuestras bases por todo el planeta, de manera adyacente y aleatoria a las bases de Grises y Reptilianos, allí donde te encuentras existe una gran falla bajo tierra donde cohabitan los intraterrestres y una escisión de pleyadianos, también muy cerca una colonia de Alfa-draconis con 22 miembros de la alta élite o realeza reptiliana,sobre todo a uno de ellos, es un ejemplar gigantesco y habita cerca del emplazamiento de donde habitáis, requiere mucho alimento y energía negativa, muhos grises están yendo allá a construir una base con las fuerzas armadas brasileñas en Santa maría, donde ocurrió la tragedia de la discoteca kiss, con protagonismo de estos alfa-draconianos y grises disfrazados de humanos, o directamente clones humanos monitoreados por grises, y todo "aderezado" bajo la atenta vigilancia de las fuerzas armadas brasileñas,

sin intervenir...Lo que te preguntas es que tiene que ver eso contigo,....bueno, los atentados de Al-qaeda en Madrid ,o supuestamente de Al-Qaeda, tuvieron que ver contigo, así como el 11S, de manera directa, así como el "atentado" de la discoteca kiss, pero es una información que de momento no podemos revelarte,simplemente debes saber que estás en el lugar correcto haciendo lo que es debido,nada más, gracias,Es así que funciona,Epsylon.

El Gran Cambio ocurrió el 6/08/1945 cal, greg. En la ciudad de Hiroshima, en 1 segundo mecánico 200000 personas fueron vaporizadas...Fue el primer acto geológico artificial en nuestra era que permitió la entrada de energías no supervisadas, es decir energías del espacio que hasta ese momento se habían mantenido alejadas de nuestra capa protectora, no solamente la atmósfera visible sino todo el entramado electromagnético y cubiertas sutiles que fueron desgarradas brutalmente, así tanto tropas draconianas como naves de Grises y los de la Inteligencia de Gizah fueron invitados de nuevo a invadir la tierra con la puerta de entrada abierta , el resto ya lo conocemos, aumento exponencial de la población y por supuesto muchos no-humanos, o mixtos, clones de todos los tipos, fabricados y regurgitados pos La Máquina (Grises Zeta Reticulis) .. y el encuentro con los gobiernos a partir de los años 50-60's y el conglomerado Illuminatti-Reptiliano-Gris consolidado, el aumento en el número y calidad de avistamientos ovnis tanto de estos imperios como de otras razas afines a la humanidad en misión fue otra de las consecuencias...seguiremos...hehe!!!

Por supuesto que no queremos que este texto sea un texto ortodoxo,según vuestros cánones por lo menos, seguimos los 3 cuerpos...huahuhauah!!!!

"Si un hombre contuviera todo el conocimiento y la ignorancia estuviera totalmente ausente de él, ese hombre se vería consumido y dejaría de existir. Por lo tanto, la ignorancia es deseable, pues mediante ella puede seguir existiendo...
— Jalaluddin Rumi Discurso" Embajada Alienígena,pag 1,Ian Watson.

Rumi, quien ahora es conocido/a como Meviana (Bülent Çorak) y ahora ha escrito "El Libro del Conocimiento" :
"[...]Cada uno de Vosotros es un Milagro total. ¿Cómo Os podéis desmentir tan inconscientemente a Vosotros mismos? El tiempo pasará, cada uno reclamará su Consciencia Esencia y la Verdad Brillará, algún día, con toda claridad. En el futuro, mencionaremos el tema de las transferencias de Genes de forma abierta y detallada. Nuestro Amor es para todo el Universo. EL CENTRO ":

Vuestro planeta camina hacia experiencias espirituales collectivas, en pequeños grupos primero, y luego más profundamente y permanentes, más sociales, así se construirá vuestro mundo en el futuro, ya nunca más por imposición de unos cuantos intermediarios, por eso nuestra insistencia en la vida en pacto con la naturaleza, porque será vuestra forma de entrar en esas tecnologías, si vuestros cuerpos poseen esos centros de comunicación , es lógico que la naturaleza biológica con la que habéis habitado también los posea, plantas y animales en vuestro planeta tienen los mismos medios de comunicación que vosotros, sois vosotros los que os estáis secuestrando a vosotros mismos al renegar de la auténtica tecnología y venderos por un papel sin valor llamado dinero y unas tecnologías mecánicas que son vuestra doble prisión, creadas además por vuestros enemigos del espacio, vida agrícola y comunicación con los centros neurales naturales de vuestro planeta os conecta directamente a nosotros y al resto del cosmos conocido, a todo el resto de galaxias federadas y sistemas adheridos, son los reptilianos y grises, junto con otras razas los que os quieren vender aparatitos de bajo valor significativo pues su valor real de comunicaión es ínfimo, justo en estos momentos en que comenzáis a despertar en masa y a reconocer vuestros centros modulares físicos y con los centros modulares de vuestra naturaleza, esas conexiones nunca más van a desaparecer o romperse, esos vínculos permanecen, duran miles e incluso millones de años ,nisiquiera habéis podido averiguar cuanto tiempo tiene vuestro planeta, ni vuestro pueblo, ni vuestra naturaleza, con vosotros conviven seres de millones de años deambulando con vosotros en las calles de vuestras ciudades más urbanas, y todavía no os habéis dado cuenta, de la situación real.

Pero os vamos a ayudar,gracias.

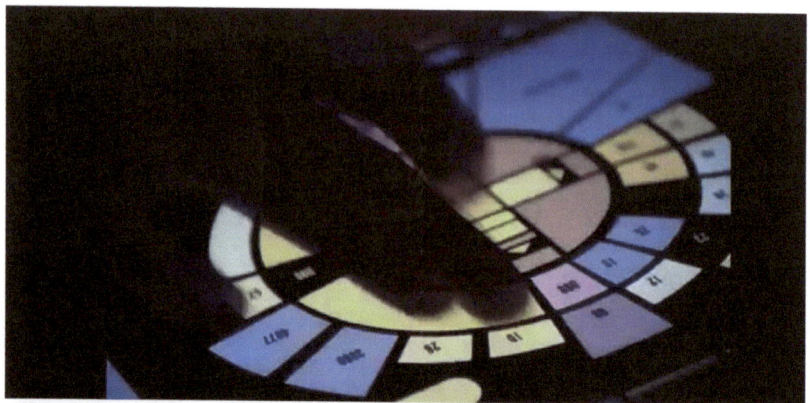

#Entrad al dominio de las Tecnologías Cósmico-Galácticas con nosotros y vuestros centros modulares.

Un Centro Modular es un compendio de tecnologías y centros de comando, adiestramiento y comunicación con el resto del Universo, es impulsor y drenador de información, creador y comunicador, pocos centros modulares oficiales en vuestro planeta todavía, pero se van a multiplicar, por favor alejaos del misticismo y la falsa espiritualidad, y de la ciencia mecánica 12:60 ,asimismo os mostraremos las nuevas tecnologías de transporte y mdulación de-lo Cosmos, tranquilos, estáis al borde de un cambio gigantesco en vuestro mundo, estad preparados. Montañas de saber van a caer sobre vosotros y váis a caer en abismos de saber de los cuáles sólo saldréis con vuestro recién conquistado saber fuera de la superstición y la podredumbre de los que os quieren todavía esclavizar, pero también os estamos ayudando con ellos. Así todas vuestras pruebas del pasado han sido solamente un entrenamiento suave para que dominéis el cosmos con el dominio y maestría en estas nuevas condiciones, saldréis por vuestras propias fuerzas y saberes ,estareis en abismos del conocimiento, en sondas abisales del universo que se convertirán en vuestro hogar, casas de millones de kilómetros, con habitaciones que se ampliarán y empeñecerán a voluntad, así os hemos encontrado, así nos hemos camuflado y escondido hasta ahora, vosotros podéis ampliar hasta el infinito los recintos interiores de vuestras casas a voluntad ,esa ciencia la utilizaréis en vuestros alimentos, en vuestras naves y conseguiréis plegar el cosmos, y así el propio cosmos se convertirá de infinito en navegable, usando esa misma ciencia hacia los viajes, las distancias se os empeñecerán increíblemente, y así el tiempo también será posible ampliarlo y/o empequeñecrelo a vuestra voluntad. En estos empeños tenemos aliados nuestros como los llamáis vosotros, plantas de poder, que son exauriciones*¹ de energía y tecnologías nuevas, tanto vuestros hongos psilocibicos, como los cactos San Pedro como Peiotel...son centros modulares y transportan chips de saneamiento y registro de épocas pasadas así como centros modulares de comunicación y ampliación de nuestros equipos, tienen razón los sabios de vuestro tiempo al decir que la vida como la cconocéis, la biológica vino transportada en nuestras barrigas , o esporas, por lo menos sabéis eso, a lo que llamáis pangspermia, la verdad es que os estábamos enviando unidades de reconocimiento y de despliegue de unidades tecnológicas tanto para que despertárais de vuestro sopor como para recordar quiénes sois en realidad, y de dónde venís, nosotros somos vuestro origen del otro lado de Lyra, de Epsylon y más allá, el ser humano ha existido siempre, en diferente sistemas estelares y os enviamos a terra ignota para que reconoicérais el terreno, así os enviamos exploradores en forma de estas plantas de poder y animales amigos para que os guiaran a vosotros mismos y a vuestros pasados y retomárais vuestros puestos en el esquema universal, algunos lo estáis haciendo, gracias, así hemos supurado desde vuestros órganos biológicos, o tecnológicos para nosotros, qué es vuestro cerebro sino una tecnología?, pues bien hemos supurado o superado una barrera y hemos hecho visibles algunas de vuestras remotas tecnologías junto a vuestras tecnologías mecánicas, vuestras tecnologías de comunicaión son parte de éstas, Internet y los móviles, están llenos de esa bio-energía, lo creáis o no ,los habéis creado con la proyección de vuestros pensamientos puros retrotraídos hacia atrás en el tiempo y hemos vencido a

---

¹ Exaurición es un término" regalado" por los de Epsylon, y significa módulos de almacenaje micro que pueden albergar enciclopedias enteras, civilizaciones, tecnologías de millones a de años en una espora, que es la forma habitual de conservarlas y comunicarlas en el cosmos

la carrera a las máquinas del tiempo mecánicas de los grises, o pryecto Montauk. Asimismo amigos ,lugares en los que os encontráis ahora, amistades, conversaciones, os estáis encontrado a vosotros mismos, uno a otro y a vuestros animales, enseres, casas, armas, tecnologías, naves, etc,en los próximos años incluso seréis capaces desde vuestros cerebros de crear tecnologías mecánicas y visualizarlas y crearlas en 3D, siempre con la ayuda de nuestras-vuestras enzimas tecnológicas vía plantas de poder, y demás entidades "bio-lógicas" vuestras-nuestras, comprendéis ahora?. Ahora todo lo que os tenemos que decir es consecuencia de estas últimas palabras, pero nj os imagináis todavía lo que va a ocurrir en los próximos años, en escaso tiempo (tiempo conocido como lo conocéis vosotros).Ésta es la misión más importante que podéis realizar,felicitaciones!!!...hehe!!!>.

-Es la segunda entrega de protones esta semana

-Cómo lo sabe?

-Estoy al tanto, y tengo su email del periódico,y si le preguntan yo no le he dicho nada...

-Ah!! Vale..Se fue refunfuñando algo antes de entrar al coche,...algo no encaja en todo esto..se dijo la periodista del Distant Journal" aquella mañana de invierno, los niños jugaban en la calle al futbol,enpleno mundial de futbol en Brasil, en el bar le invitaron al café, todo nrmal, quizás demasiado normal, no sé si me explico.

Año 2867-y 4.500avo año de la Era Insekto desde que se hizo oficial allá por el 2014-2015, nadie sabía en aquel momento la serie de consecuencias extraordinarias que se iban a provocar en el espacio-tiempo del Universo desde su descubrimiento y proyección por las redes del calendario Insekto...hehe!!!.

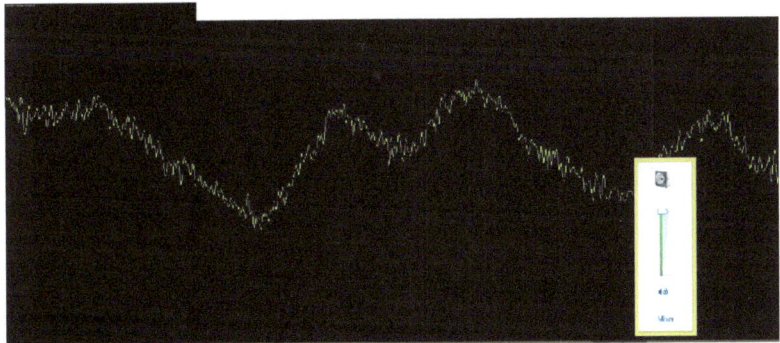

#Onda Sinodial "Into the Stars".DubStep.
Hay algo mejor que una mujer cantando en su cocina?...huahuahuhaua!!!.
"Large Earth Disruption" "Gran Ruptura Terrestre"
Algún día la comunicaiones interplanetarias serán algo común, pero vayamos poco a poco, "Take It Easy!"...hehe!!!.

Mientras lo escribo, lo noto, que éste va a ser el libro de mi vida, de toda una vida, tiene una vibración especial,única...bueno, lo mismo dijimos de "Las Alas de la Libélula-Presciencia Insekto", y es que hay libros cuya preparación, planificación, estructura, difieren completamente de cualquier otra cosa, y es ésta misma energía la que se encuentra en este libro, algo pre-planificado.

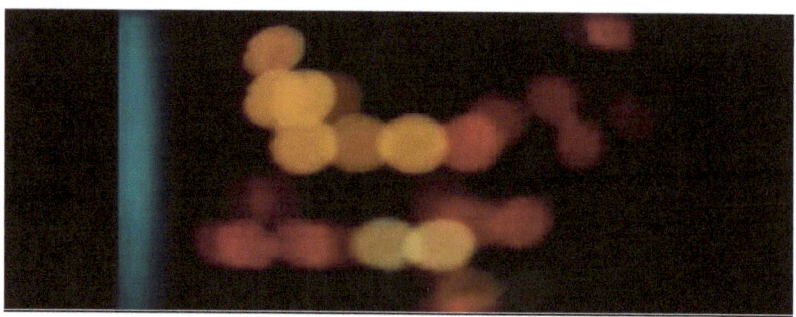

#Al final, todos tenéis ego, es mejor que lo reconozcáis, aquí el secretario de esta obra "Epsylon, una Enciclopedia Cósmico-Galáctica" llevándole a Valum Votán "La Colmena de la Reina", la primera parte de la Saga "Las Crónicas Insekto", como regalo, San Sebastián, 2005.

-Cuerpo Físico 3D-Region Neural Adyacente :

En este Libro vamos a separar en dos tipos de tecnologías,o dos tipos de maquinaria industrial cósmica:

-La Industrial Copera.

-La Metalúrgica DeÖnda.

-Cómo que el Arte transporta material teconología, científico?

-Hehe!!!

Asi, esto es La Industrial Copera:

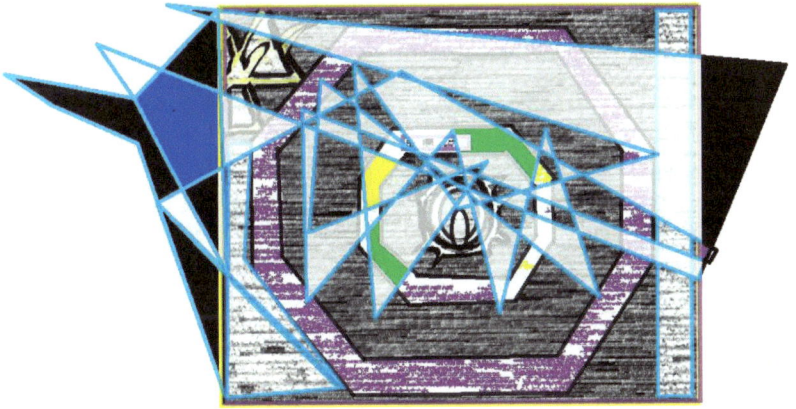

Éste es el Kit de la primera instalación de la Tecnología llamada La Industrial Copera,comprendan esto, asimilenlo y serán dichosos con esta tecnología, despleguénla en multiples frames y dimensiones, despleguénla...hahahah!!!

Y pueden verlo como quieran, toda su historia se ha basado en nuestra intervencion "divina", o más bien tecnológica benéfica, y la intervención de retro-tecnologías, o tecnologías anti-tecnológicas, vivan y

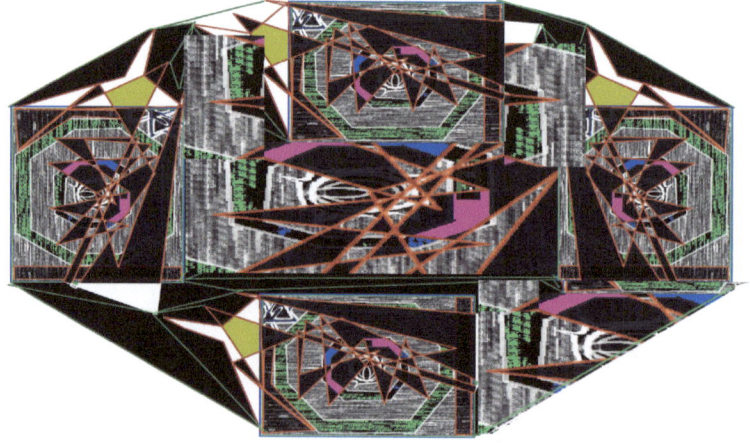

La Industrial Copera desplegada....huahuahuhalll.

Claro!, también tiene que cambiar su concepto de Tecnología , y están muy intoxicados por una especie solo de la ecología, del ecosistema entero de tenologías que existen, se ahogan en la mecánica (incluida la informátia), siendo ésta una baja especie de una raza ecológica inferior, pues en todo el universo las tecnologías se dispensan y se cuidan como ustedes las ovejas en su mundo, son recogidas y cuidadas en granjas, están vivas, la mecánica fue una infiltración de factores exógeno-negativos entrando en el portal tecnológico y por transferencia reversa intridujero-inoularon el virus en su mundo, estas palabras son importantes, no los olvidéis,...hehelll.

-Bueno, no os pongais tan trascendentales..

-hahaha, tú eres de los nuestros.

-Entonces se puede hablar de una Historia Tecnológica del Universo.?.

-Sí,ciertamente, y matemática y geométrica.Si te dijéramos todo lo que pasa en el Universo,te volverías loco, y vosotros solamente estáis empezando a abrir vuestros canales de comunicación, aquí el problema es ontrolar la infinita gamas de comunicación diferentes, por eso sois tan importantes para el Universo, se os está espoerando, a ver si lográis poner un poco de orden en todo este caos

-Nosotros?

-Sí, por eso os hemos mantenidos aislados, porque sois la única raza que no necesitáis tecnología adherida, la lleváis inherente en vuestro cerebro,y os hemos mantenido lejos de esta época de caos, de canales, de frames de tecnologías diferentes en todo el Universo para que aportéis algo diferente, ahora hemos abierto el portón de vuestro mundo y habéis entrado en el Universo, es normal que os ahogue un poco el Caos del Universo, pero confiamos en vosotros, algo nos dice que vais a conseguirlo....hehelll.

La idea es que os lleváis todo el material a vuestros genes neurales, y allí los instaleis....para los que no comprendan estos términos, no somos responsables de ellos.

Comprendéis, os llevamos por los caminos de la religiosidad más baja para que comprendiérais la situación real de vuestro planeta, y os volvimos a sacar de esos caminos, llenos de mentira y control,luego por los caminos de la política y os enfrentamos a los mismos monstruos con diferentes rostros, y máscaras, leugo por los caminos de los dos unidos religión e ideología y os volvimos a sacar de esa mierda, luego os metimos por los caminos de la ideología nacional y de la políticas unidas y os volvimos a sacar y ahora os señalamos el camino preciso,justo, que va a ser vuestra vida, ciencia, nueva ciencia (colectiva), tecnología, nueva tecnología (no mecánica), espiritualidad, nueva espiritualidad (individual-sin intermediarios), en definitiva seguimos guiándoos....Por los caminos benéficos alejándoos de los caminos enfangados de vuestros-nuestros enemigos, claro en vuestro caso os metimos en los peores lugares donde el fanatismo, la ideología, el fascismo y lam intolerancia crecen en estado libre,y os metimos por una razón, para que comprendáis quiénes sois, quiénes somos nosotros, y quiénes son ellos, ellos esperan nuestros secretos para usarlos a su favor, o simplemente creer que los pueden usar por puro egoismo, nuestros descubrimientos, y al final la batalla final, la ciencia real, no la mecánica a la 12:60, sino la auténtica de la naturaleza, la de los mayas, 13:20, y la lanzamos directamente contra nuestros enemigos, les damos todo el material para que lo usen, sin decirles que en realidad no es el material el que impera, sino el uso que se haga de él, tú no puedes usar ciertas tecnologías sin saber cómo usarlas realmente, por eso estamos escribiendo estos libros para cambiar el mundo-Universo, desde "La Colmena de la Reina" os damos códigos sin deciros para qué sirven, os damos armas sin deciros cuándo usarlas, somos benéficos, nuestra arma es el Conocimiento y la Tecnología,descansad...hehe!!!

2-La Metalúrgica DeÖnda:

#Porqué lo llaman Política Cuando eS TekCnología

Este Libro es una especie de Puerta Estelar.

Así, si tenemos 6 puntos para destino,un 7ª para el origen, el 8ª es el propio pasajero, es decir el sujeto a viajar en el tiempo, son 8 PUNTOS , un Octógono!.Símbolo temapario por excelencia se encontraba creando los ábsides de la totalidad de los templos Templarios en los siglos XII-XIII-XIV, Creando un mapa de rutas estelar de las propias iglesias a semajanza de las constelaciones y galaxias, como señaló Javier Sierra en uno de sus libros, donde las iglesias templarias en el Norte de Francia seguían exactamente la ubicación de la Constelación de Virgo.Es decir, máquinas del tiempo, las iglesias,o mejor dicho sus ábsides, y las distintas iglesias formaban el objetivo o las constelaciones adonde se viajaba, es decir máquinas del tiempo y del espacio.Habrian logrado los templarios saber cómo viajar por el universo?.Qué más nos dicen todos estos datos? Podrían ser medios de comunicación con esos seres en esos lugares con los cuales se comunicaban?.Esto parece más verosímil, y de hecho las iglesias amplifican muchas de las capacidades inherentes de comunicación con el Cosmos, por su geometría 8ctogonal.Si nuestros cerebros poseen inherentemente muchas tecnologías que ahora todavía desconocemos y tenemos el destino ,los 6 puntos en un cubo, que sería una construcción o una iglesia, nos falta el punto de origen y el propio sujeto a viajar.O no? Y si ya lo tenemos? El Punto d eorigen se encuentra en el ábside dentro de la propia iglesia construida o mejor dicho debajo de la cúpula y el octavo punto es el propio sujeto colocado en el punto de origen,o sea bajo la cúpula, como ya aparece en mi libro "Las Alas de la Libélula-Presciencia Insekto" donde colocamos diversas fotos de tantas cúpulas y templos formando una estructura quasi de Naves-Nodrizas, eso lo dejamos esbozado en el libro ,y en éste libro vamos a desarrollar cómo viajaban o qué tecnologías usaban para utilizar esas naves o digámoslo cúpulas-nave-nodriza-iglesias.Entonces quizá el iniciado debía pasar una especie de preparación previa al viaje que incluía todo el utillaje mental-espiritual que ya conocemos y ahora sólo quedaba apretar el botón, "clickar" omo en un ordenador personal, es decir debía poner en funcionamiento la tecnología invisible necesaria, para viajes de cuerpo completo como esboza José Argüelles en "Las Dinámicas del Tiempo",con naves maya florales para viajes colectivos *de cuerpo completo, es decir ,que hemos realizado lo más difícil, que era demostrar la existencia de tales tecnologías invisibles y su importancia para el ser humano a lo largo de su historia, lo que nos queda en este libro es lograr decodificarlas, ponerlas al abasto del público, desarrollarlas y que cada uno haga lo que tenga que hacer...hehe!!!.Así que vamos a ello...hehe!!!.*

Mi nombre-según mi amigo José Alka : 01000001010101010101001001000101010011001001111

#EL GRAN LIBRO DE LA METAMORFOSIS

#Lo que estábais esperando, y yo mismo no sabía cómo, por medio de qué mecanismo expresar, dejar salir,..el resultado es éste libro, como una contención de fuerzas, que de repente se rompe y da paso a este libro,forma parte del Libro del Octógono aunque se puede leer independientemente,como queráis..Es bueno decir que es te libro forma parte de un Plan mayor ,Gracias,aquí estamos...

Cuando empecé a percibir las naves-nodriza allá en mis estíos de infancia, cuando viajaba con nmis padres en su coche seat 124 naranja al sur de España,y llegábamos a destino,como digo yo percibía sus motores, su presencia monitoreando todos nuestros viajes,con comodidad,sin descanso, ahora puedo decir que he sido monitoreado todo el tiempo por ellos, de hecho somos los mismo,,intentar medir las fuerzas con las que intento describir lo que tengo que describir me destruiría a mí mismo sino tuviera la capacidad innata,inmaterial de transformarlo en palabras, y de hacéroslas llegar,éste es el resultado, espero que os sea útil,gracias por leerlAS...hehe!!!.(me perdonaréis el afán terapéutico de este libro, no me queda otra, pero creo que no me he confundido y en realidad es un paso más allá de la LITERATURA QUE SIEMPRE ES PENSADA.este libro ha sido pensado hace mucho tiempo, miles de años diría yo, en mi cabeza, a través de las sucesivas reencarnaciones por las que mi alma ha viajado.Ahora puedo hablar, se me ha dado ese permiso, pues bien, allá vamos...

Lo primero que debo deciros es Felicitaciones, si estáis leyendo estas mismas palabras,en estos momentos, es porque nos lo merecemos todos.

Todo en el Universo ha surgido como un proceso de metamorfosis, de transformaciòn dentro de la transformaciòn,màs allà de la materia y la no-materia, re-ciladas a su vez miles de veces en la ausencia, (existe la ausencia? La nada total?)

Así, la Metalúrgica-deÕnda es asi :

Ahora, conviene desplegarla.

THIS IS OUR VICTORY!!!

Con el emblema añadido : "This is Our Victory!!!"...hehe!!!

De nuevo volvemos a esos tiempos...Cuando todo parece perdido...Significa justo lo contrario, es que lo tenemos todo ganado, pero cuando todo se refiere a una decisión última,se requiere ultimas decisiones,hoy estaba todo perdido,TODO, de repente,desperté y me acordé que siempre hay una posibilidad,aunque sea mínima, es máxima,asi que me fui de nuevo al jardín, alli me recosté en mi asiento,y me sentí absolutamente perdido, triste, TODO PERDIDO, mentira!...de pronto recordé que cuando parece que todo está perdido es cuando realmente todo está por ganar, cuanto más hundido más elevado te levantas,Argüelles...Ostia!!!.y de repente, de pronto apareció en mi pantalla mental una imagen, aunque sea una tontería...Hoy es el primer día del signo de cáncer...Así que he visto a miles de cangrejos(Cáncer,su símbolo) llevando el barco del Capitán Jack Sparrow a través de un desierto de sal hasta el mar, y Jack viéndolo...Cangrejos,barco,Jack,coñe! Si yo soy el Capitán Pirata Jack Sparrow!!!...y sali corriendo de mi Centro Modular de la Galaxia Epsylon,y tropecé con una piedra, apunto de caerme,...pero no! Seguí en pie y llegué a destino, ésta ha sido la prueba más dura de mi vida, y os la quería contar, pero si estáis leyendo estas mismas palabras y yo estoy aquí escribiéndolas es que están perdidos,vamos a por ellos!!!Es que Ya Hemos ganado!!!Porqué? Eso forma parte del misterio....hehe!!!.No es lo mismo conocer el camino que recorrerlo, recordad siempre estas mismas palabras...hehe!!! Yo soy la esperanza del mundo,como Jesús, yo soy la luz y la vida....bueno...una de ellas,asi que seguidme...hahahah!!!! :

#El mundo vive en una pseudo-realidad subyacente de la cual no despiertan, y los drena y los explota, unos pocos estamos fuera de esa pseudo-realidad y despertamos al resto, ése es nuestro trabajo, cueste lo que cueste!!!.No sé cuántos existen de nosotros, sólo sé que no soy el único, y si lo fuera nada cambiaría porque en realidad somos UNO,pues eso, navegamos por encima y por debajo de esa pseudo-realidad de consenso social en la que nos quieren obligar a creer y defender.Podemos SABER que eso es asi, pero solamente saberlo no cambia las cosas, hace falta una implicación total,en cuerpo y alma, a vida o muerte, esta mañana mi hija me lo dijo: Papi, recuerdas "La Vida es Bella"?"...El "Buon Giorno Principesca!" Y ella me ha dicho que es una película preciosa...hehe!!!.

Y dónde se celebran las peleas más populares de la MMA? En un octógono!!!...hehe!!!

Aquí se abre una perspectiva totalmente nueva en el libro, y tendremos que rendirnos a ello...hehe!!!.

Alex Collier, conexión ET 1994 (Video youtube) : " ...Pero el punto es que cuando miras el panorama completo, y vas a la cima de la escalera,te das cuenta que no somos el enemigo.El enemigo no es humano ,para nada. Pero está haciendo todo lo que puede para mantenernos ocupados, de manera que no podamos ver la verdadera realidad, la verdadera causa son esas otras razas que están aquí, jugando con nosotros, alimentándose de nuestra energía, esperando que nos destruyamos para quedarse con el planeta".

Esas razas según Alex Collier son : Alpha Draconis ,el Grupo de Orión, y los Grises de Zeta Reticulis 2, sobre todo.. Antareanos renegados también formarían partde del grupo, así como algunos sirianos Beta Aunque nos referiremos a ello más adelante...hehe!!!

Éste es el punto fundamental, todavía,y no solamente de nuestra emancipación y lucha sino el paradigma desde el que empezar, no he colocado estas palabras antes en ninguno de mis libros porque no había llegado el momento, pero ahora sí, gracias Alex.

Es tan grave la situación en estos momentos en nuestro planeta, que nada nos salvará, excepto ser más rápidos que ellos, ninguna religión, ni ninguna ideología, debemos despertar del control y del dominio y hacerlo en masa,y no dejarnos intimidar, seguir al Dios Vivo,siempre, porque ésa es nuestra única posibilidad de éxito.

Sigamos con este vídeo de Alex Collier :"Y el Plan divino es el de libertad, libre expresión, libre expresión, libre expresión, y no uno que quieran implantarnos y digan "tú vas a ser esto, tú vas a ser esto o lo otro".No se trata de eso.Y si alguien intenta forzarte a eso, no lo permitas,LUCHA!".

"La necesidad de unos pocos, pesa más que la necesidad de la mayoría,perdón, pero eso no es correcto...pero va a ser la humanidad la que se levante (Rise) ,y tome la batuta, apague la televisión, se suba en su coche ,tendrán que pelear con todos los que saben y no hacen nada en sus parlamentos, pero tendrán que hacer algo!, la apatía tiene que terminarse ,de lo contrario, la forma en que vivimos acabará, Finalmente, ése es el punto! ".

Así seguimos hoy en el Cylon 200 —Luciérnaga Xª-10º Cylon Insekto del IVº Sektor (o Mes Insekto) "De la Revolución", 2ª Semana ,Del Cuestionamiento, en el Camino del Grillo (Xª De la Motivación) , La Ciudad del 343-Ciudad de la Contemplación Insekto, El Guerrero Mosca ("Siente la efervescencia cósmica en todo tu ser") medita en la subida a la Pirámide Insekto, Cylon 268-C19 : 32-368-348-208-BB-247-C250-NºHOME 387420489-BB-NºHOME ESPEC 1162261467.

Proyecto de Desobediencia Económica :

1-Exigimos la absoluta y total condonación de todas las deudas inmobiliarias, financieras,...en España, una revocación de las deudas familiares ,si el pueblo se una en esta propuesta, el 99% y nos negamos a pagar, mañana mismo ,nadie, ningún poder puede negarse a nuestro deseo, el deseo del pueblo, ya que la crisis fue provocada por la élites, no tiene que ser doblemente pagada por los sectores más desasistidos de España ,ni por los países más robados de Europa frente al Imperialismo impuesto de los países del Norte,...Así exigimos YA! Y de manera definitiva la condonación de todas las cargas del pasado, proceso a ser realizado de facto como paso previo para la instauración de un nuevo Status Quo en España,Europa y el mundo,gracias...hehe!!!.Y...

2-...Empezar desde cero, económicamente hablando,Gracias...hehe!!!.

Omo siempre, y muy de cerca de la Exopolítica hablemos de la política interna de USA con autores como Preston B. Nichols "Encuentro en las Pléyades", hay por ahí un vídeo de su encuentro con un draconiano en su puesto de asesor en el "Proyecto Montauk",y como se emborrachaba el lagarto con una solución de Hidróxido de Sodio en agua.Y un informe sobre la famosa base Dulce en Nuevo México ,y "Sandia" (alex Collier,sic.) , así : "Aerial or UFO phenomena, Psychic or Psichotronic investigation, Cattle and Animal Mutilations, Vampirism, Men In Black, Conspiracies and Assassinations, Secret Societies, Underground Anomalies, Quantum Mechanics, Legends and Mythology, Ancient Civilizations, the 'Mothmen' and other 'Crypto-Zoological' encounters, Energy Grids and other Geo-Magnetic anomalies, Biogenetics and Cloning, Cybernetics and Artificial Intelligence, Abductions and Missing Time, Hypnotherapy and Mind Control, Missing Persons... There are no doubt many others that I have not mentioned."pág.3,The Dulce Book, The Watcher Files.(Pág. Web/Site)

Esta frase la hago mía : "Many of 'us' who have continued the battle have sacrificed our comfort, our social and economic welfare, and in some cases even our very lives to fight the Enigm/Muchos de nosotros que hemos continuado la batalla hemos sacrificado nuestro comfort, nuestro bienestar económico y social, e incluso en algunos casos nuestra vidas para luchar al Enigma".Pag. 4,The Dulce Book,The Watcher Files (Pág Web/Site)

Matto Grosso do Sul, donde se encuentra la mayor parte de la población Guaraní-Kaiowá formaba parte de la Atlántida también.

Nuestros hermanos de Epsylon están con nosotros. (la primera vez que me indican que quieren aparecer físicamente, como véis, son humanos....hehe!!!).

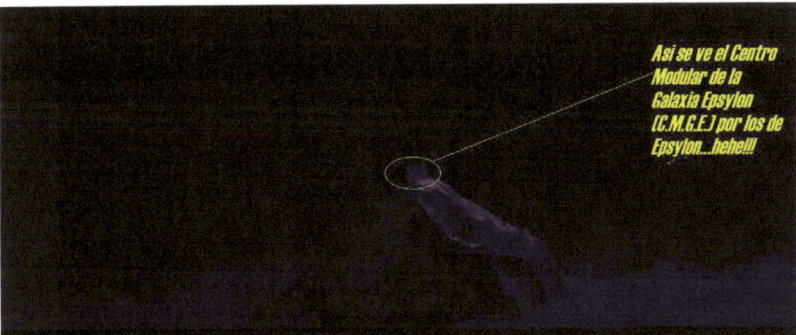

Así se ve el Centro Modular de la Galaxia Epsylon (C.M.G.E.) por los de Epsylon...hehe!!!

Así se ve el Centro modular de la Galaxia Epsylon (C.M.G.E.),desde el punto de vista de los de Epsylon.

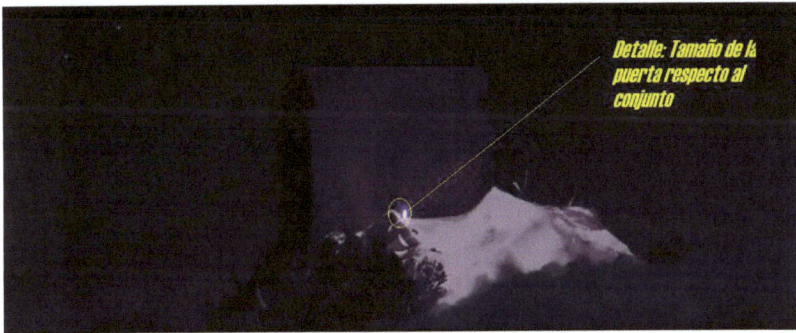

Detalle: Tamaño de la puerta respecto al conjunto

#Centro Modular de la Galaxia Epsylon (Edificio y detalles, Representación Gráfica).

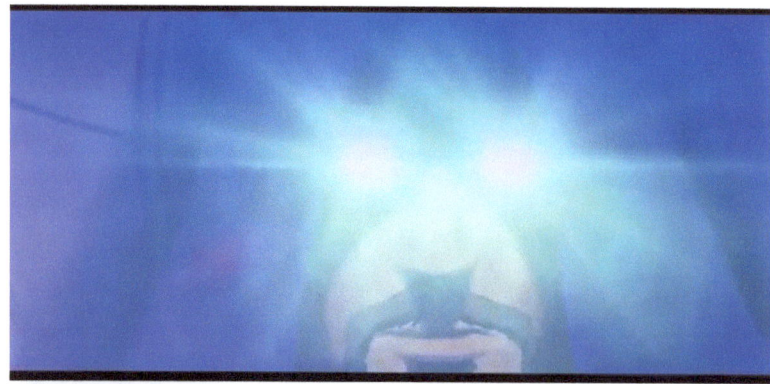

#Mensaje Recibido!!!...hehe!!!

#Mensaje Insekto en el Centro Modular de la Galaxia Epsylon (C.M.G.E.)

#Nuevos Mensajes Insekto...

#Ésta es la Ciudad Subterránea Intraterrestre que se encuentra bajo el Centro Modular de la Galaxia Epsylon (C.M.G.E.P a muchas millas bajo tierra.Un gran conducto que nos lleva hacia la Ciudad Intraterrena...hehe!!!.

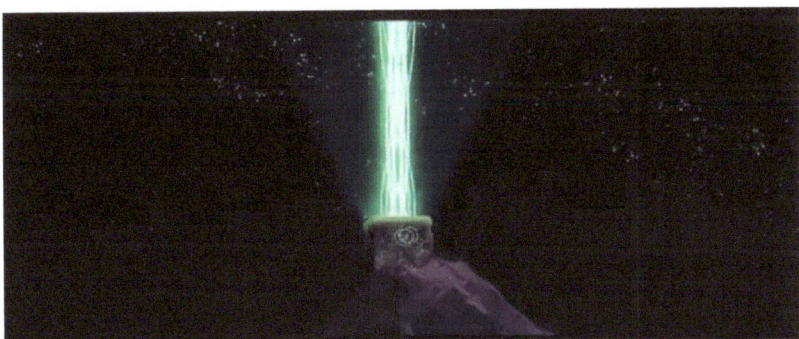

#Es asi que funciona...hehe!!!.

Siguiendo con el Proyecto Dulce : "Pine Gap - Alice Springs, Australia. This base is a massive multi-levelled facility run by the "Club of Rome" which, like the 'Bildeberger' organization, is reputedly a cover for the Bavarian Illuminati. The article spoke of antigravity disk research, and plans to make Pine Gap a major "control center" for a "New World Order". Pine Gap is equipped with whole levels of computer terminals tied-in to the major computer mainframes of the world which contain the intimate details of most of the inhabitants of industrialized nations.".

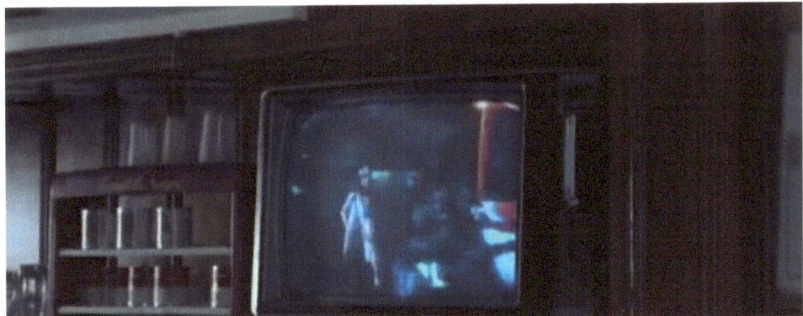

Uma nota : Este Alpha Draconiano (con una gran cola y enormes alas) aparace en un telefilme em el bar en 1984 al que entran los dos marineros que se lanzan por la borda del E.C. Eldridge em el 1943 donde se realizo "El

Experimento Philadelphia", según muchos colaboradores en el proyecto éste era dirigido por un grupo elegido de Alpha-draconianos y Grises. Casualidad?...hehe!!!

La camarera que les sirve el café también parece bastante reptiliana...hehe!!!

Von Neuman, Nicolas Tesla y Albert Einstein , junto a otros que sirvieron de testigos y luego escribieron sobre el caso, como Edward Cameron y Preston B. Nichols..., trabajaron juntos en el experimento Philadelphia y para perfeccionar la Teoría del Campo Unificado que sería la base del mimso, así como el proyecto Montauk, y la relación de la NSA ,la MJ-12 o PI-12 con los extraterrestres hostiles, regresivos, como Grises y Draconianos que asesoraron de cerca tales proyectos, esto es viéndolo desde un punto de vista más completo.

Así, como sabes, hemos distribuido nuestras bases por todo el planeta, de manera adyacente y aleatoria a las bases de Grises y Reptilianos, allí donde te encuentras existe una gran falla bajo tierra donde cohabitan los intraterrestres y una escisión de pleyadianos, también muy cerca una colonia de Alfa-draconis con 22 miembros de la alta élite o realeza reptiliana,sobre todo a uno de ellos, es un ejemplar gigantesco y habita cerca del emplazamiento de donde habitáis, requiere mucho alimento y energía negativa, muhos grises están yendo allá a construir una base con las fuerzas armadas brasileñas en Santa maría, donde ocurrió la tragedia de la discoteca kiss, con protagonismo de estos alfa-draconianos y grises disfrazados de humanos,o directamente clones humanos monitoreados por grises, y todo "aderezado" bajo la atenta vigilancia de las fuerzas armadas brasileñas, sin intervenir...Lo que te preguntas es que tiene que ver eso contigo,....bueno, los atentados de Al-qaeda en Madrid ,o supuestamente de Al-Qaeda, tuvieron que ver contigo, así como el 11S, de manera directa, así como el "atentado" de la discoteca kiss, pero es una información que de momento no podemos revelarte,simplemente debes saber que estás en el lugar correcto haciendo lo que es debido,nada más, gracias,Es así que funciona,Epsylon.

Formando parte del programa SETI de búsqueda de Inteligencia Extraterrestre o Exobiología, como se vino a denominar desde entonces, el Radiotelescopio de Arecibo, Puerto Rico 12/10/1992 cal. Greg.

70. "Arroja lo que hay en tu mano derecha; se tragará lo que ellos han forjado. pues lo que han forjado no es más que trucos de magos. Y un mago no puede triunfar sea cual sea su origen";

Sura Ta Ha ,El Sagrado Corán, pag 466.

Es mi forma de pensar que incluso si existe una cábala CIA-fascista intentando establecer una dictadura mundial usando la "excusa" de una invasión alien para fomentar un gobierno mundial, el "truco" puede ser igualmente real.También es posible que los "Bávaros" estén trabajando con alien muy reales en un diseño de un juego sin fin para establecer un gobierno mundial usando ese truco como excusa ,aunque cuando el mundo esté bajo"su" control los Iluminatti intentarán tratar a la humanidad a través de un sistema de control gubernamental mundial de los Aliens Grises (La Bestia?).Los Aliens habrían colaborado con los Bávaros (ex nazis) durante mucho tiempo como parte de su agenda de implementar control electrónico absoluto sobre los habitantes del planeta tierra.Una fuente, un trabajador del área 51-y miembro de un grupo secreto de la Intelegencia de la Marina de los USA llamado COM-12-con el nombre de Michael Younger, decía que el Clan de los Bávaros Negros (sociedad secreta) estaría de acuerdo en transformar a las ¾ partes del planeta para los Grises, si ellos mismos tenían el 25% y acceso a la tecnología Alien de control mental.Los Aliens les ayudarían con las abducciones,programación e implantación de las personas a lo largo de todo el planeta preparando el Nuevo Orden Mundial-Y que a cambio serían adheridos al imperio

Alien.Aparentemente, algunos de la élite de los Bávaros habrían estado de acuerdo cone sto, desde que se dieron cuenta que NECESITAN el ontrol mental alien y la tecnología de implantes para llevar a cabo sus planes para la dominación mundial /It is my belief that even if there is a fascist-CIA cabal trying to establish a world dictatorship using the 'threat' of an alien invasion to foment world government, that the 'threat' may be real all the same. It is also possible that the 'Bavarians' may be working with very REAL aliens in an end-game designed to establish a world government using this 'threat' as an excuse to do so, although when the world is under 'their' control the Illuminati may betray the human race by turning much of the global government control- system over to the Grey aliens (the Beast?). The aliens may have been collaborating with the Bavarians for a very long time as part of their agenda to implement absolute electronic control over the inhabitants of planet earth. One source, an Area 51 worker -- and member of a secret Naval Intelligence group called COM-12 -- by the name of Michael Younger, stated that the Bavarian Black Nobility (secret societies) have agreed to turn over three-quarters of the planet to the Greys if they could retain 25 percent for themselves and have access to alien mind-control technology. The aliens would assist in the abduction, programming and implanting of people throughout the world in preparation for a New World Order -- which in turn would be annexed to the alien empire. Apparently some top-echelon Bavarians have agreed to this, since they realize that they NEED the alien mind-control and implant technology in order to carry out their plans for world domination. "La Base de Dulce y la Conexión Nazi, capítulo 4"

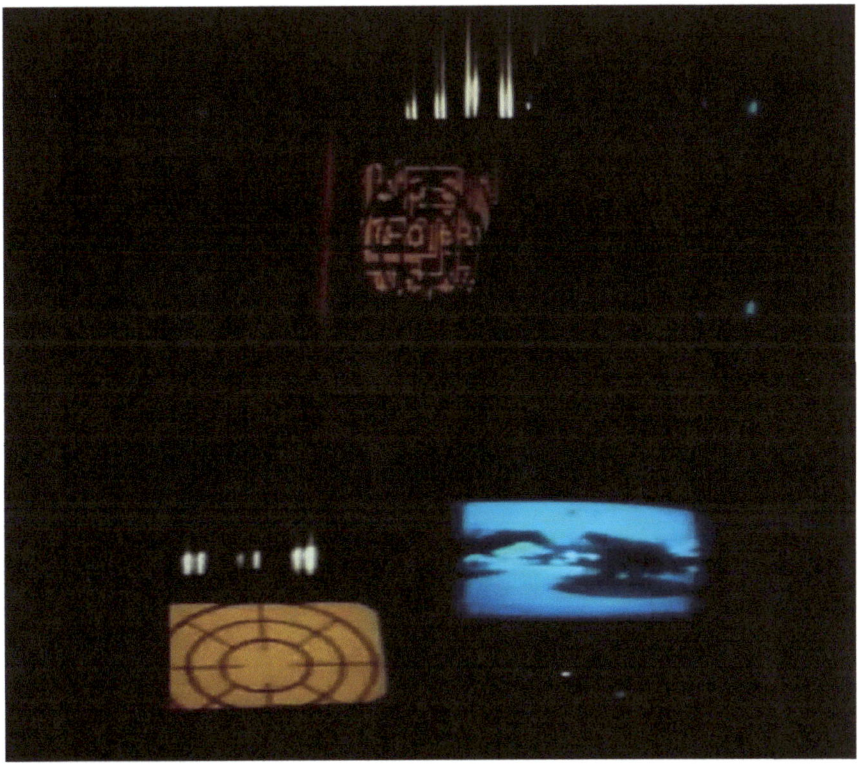

Una Enciclopedia computerizada :
-Funcionamiento de la velocidad negativa
-Navegación inerte
-La máquina "Deformadora del Tiempo" :

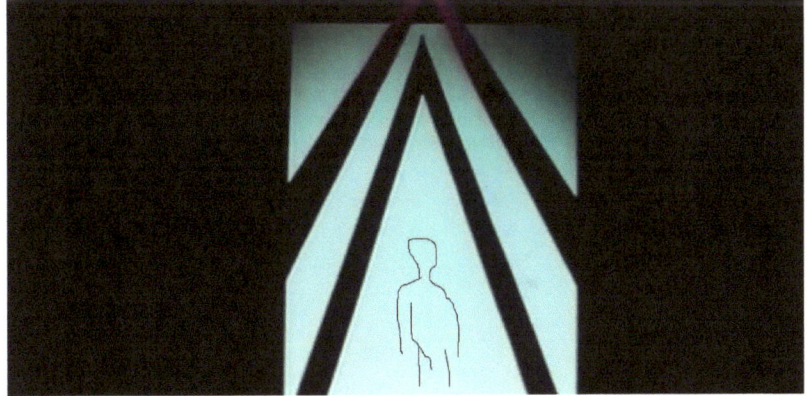

Al sistema le gustan los integrismos de todo tipo, los necesita, puesto que su propia existencia es una distopía, un integrismo electrónico-político-social gigantesco.

Mi obra la dedico a todxs aquellos que se han atrevido a ir más allá de lo conocido y profundizar en los dominios de lo desconocido, a todxs elixs los tengo bien presentes, pues formamos parte de la misma búsqueda y el mismo encuentro, allí todos somos uno.

Así continuamos...Hay momentos muy bonitos, en los que la propia vida fluye libre y no existe nada más ,no hay que buscar en ningun lugar, ninguno de los lugares comunes a los que acudimos sirven porque la respuesta siempre es la misma, la vida se manifiesta libre, espontánea, incierta, como lo que somos nosotros, y debemos ser, magnífico!.Hay momentos en los que tiras todos los bártulos y ahí estás tú, desnudo frente a la existencia, ése es tu ser, acógelo!, y dále la bienvenida.

#*Aqui Mr. Reagan y Ms.Thacher en la misma cama, del video "Land of Confussion" Genesis, ochentero a más no poder.*

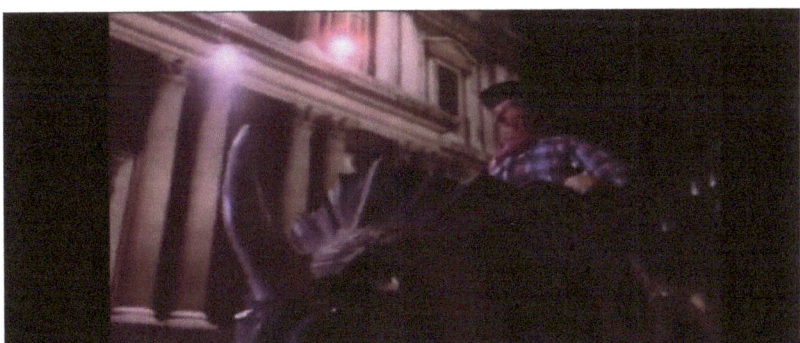

#*Aqui en el mismo vídeo, la relación reptilianos-Ronald Reagan de nuevo claramente indicada, como en muchas otras películas,vídeos de la época, las relaciones estrechísimas entre la administración Reagan y los reptilianos quedan al descubierto, y no por acaso...Ellos formaron parte del aparáto de control y dominio que creó R.Reagan en sus años "locos",los primeros años 80's, paradójicamente una de las épocas más importantes a nivel musical, cultural, quizás como denuncia de la situación cotidiana.Por otro lado Ronald Reagan era Acuario, y en una de sus muchas paradojas, su administración se dedicó al desarrollo de todo tipo de tecnologías y áreas de investigación, con multiplicación de fundaciones , laboratorios donde se estudiaban los viajes en el tiempo, entre otros ámbitos de pesquisa.El actual jefe de Estado español ,el rey Felipe VI° también es Acuario y hemos de esperar una mayor inversión en Ciencia y Tecnología , desgraciadamente circunscrito a lo militar adonde se estudiarán todas estas tecnologías híbridas con Grises y Reptilianos,entre ellas las de control mental al ejército español desde hace muchos años,a cambio de qué?.Asimismo estamos en ciernes de una espectacular revolución cultural en España,musical,literaria,fílmica,una nueva Edad de Oro de la creatividad española, la vanguardia cultural ya lo lleva previendo hace tiempo, será momento de volver a la piel de toro?...hehe!!!.*

"Con el fuego terrible del Amor podemos transformarnos en Dioses para penetrar llenos de majestad en el Anfiteatro de la Ciencia cósmica". Samuel Aun Weor,"El Matrimonio Perfecto".pag.3.

Del No-Ego se origina vuestra infinita fuerza, los océanos infinitos de fortaleza, todo en la naturaleza es no-ego, el zen es no-ego, si logras aeder a tu no-ego, eres indestructible, ilocalizable, infinito, replicándote una y otra vez en ti mismo,infinitamente,o replicándo en el infinito,allí sólo existe la fuerza incontestable, el origen de todo. Por eso los tabúes deben ser desterrados,porque nuestro cerebro crea explicaciones para todo, cualquier cosa, y sus conexiones, por eso desterrar un tabú es abrir una nueva ventana a la realidad, a la libertad.Porque nuestra mente tiende a crear puentes en el vacío, en vez de explorar la realidad, el origen del tabú no es el miedo, sino la

irrealidad, y su conlusión es el miedo a lo desconocido.Éste capítulo dedicado a mi madre que me enseña los maravillosos territorios de la libertad.Te quiero mami!!!...hehe!!!.

El cuento de la montaña de cristal :

Hacía mucho pero que mucho tiempo que el narrador de historias se encontraba sin escribir, hasta que hoy mismo decidió esribir este cuento "La Montaña de Cristal"...Érase una vez una montaña tan grande como un planeta grande, y tan brillante como el sol, porque era de cristal, reluciente y pulida, tenía aristas puntiagudas en alguno de sus lados , bueno , en muchos de sus lados...aristas que cortaban como dagas y dejaban a los insentatos marcas indelebles, inolvidables, aquí y allá quedaban jirones de ropa o trozos de los cuerpos que ansiosamente querían desentrañar los secretos de la roca de cristal, nadie ,ningún ser humano conocido había logrado asender y penetrar por su abertura superior, pues poseía una entrada en forma de cueva en la parte superior,hasta el corazón cristal,se dice...

-Hombre!, nata fresca de las montañas Mulrayl.

-No había visto esto desde que leí "El Señor de los Anillos".

-Pero no compares, este libro es muchísimo mejor!!! Y la nata también! Dijo el gigante untándose una buena dosis en el pan gigantesco.

-podemos subir la montaña de cristal con gallardía y esto!.

-Qué es ¿

-Son unas zarpas de cuero y laton con las que te puedes subir y pegarte al cristal, vés? Como una ventosa, así, dijo colocándose las ventosas en pies y manos, parecía un artista de circo sobre una carpa infinita e invisible,o un insecto extraño tygrotesco.

El grupo estaba formado por un gigante, un humano, dos habitantes de las marismas y un cazador de dragones con sus hadas y todo...Realmente asemejamos una versión un poco malograda de "El Señor de los Anillos",..

-Si solo fuera eso, Mandoble, mira al norte!!!. Y sobre la grupa de una dragón albino gigante aparecía la guerrerita más bonita que jamás viese mandoble, las rodillas le crujían...su larga cabellera negra relucía al sol del mediodía y gritaba : Mandoble!!! Estoy aquí,...Ven, vamos a la Montaña de Cristal!.

-Así que mis ventosas no servirán, al fín y al cabo.

-Lo importante es la intención, le dijo el gigante dándole un golpe en la espalda que casi lo tira del dragón de 100 patas.

Al llegar a la cumbre todo era soledad, un aire frio y solitario, una meseta solitaria, todo era soledad.

-Hola!!!

-Hola, quien eres tú?

-Soy el hada de la cumbre y me llamo Soledad.

-Joder, ya empiezan las complicaciones...Estoy harto de acertijos ,hada, dinos si nos vas a ayudar a conocer los secretos de la Montaña y sino apártate!!! Y le lanzó una flecha ,mientras se desvanecía la imagen holográfica del hada.

-Esa tecnología no la conocemos aquí

-Aquí sólo os enviáis mensajes holográficos para saber si hay buena pesca en el lago,.Esto viene de otra parte, o tiempo...

Una vez entran por el conducto superior...una gran biblioteca se abre ante sus ojos, un ser con apariencia tranquila maneja unos libros enormes...

-Y aquí "El Compendium Cerelum" con la energía de millones de soles cargada en sus letras..Es una técnica que aún hoy desconocemos casi en su totalidad..Dentro del libro aparece este complejo-anexo:

"Videodromeyoutubex-3000 :"Malos Tiempos para la Robótical" del grupo "Watios bajos":

"Seguramente que los cientos de millones de soles no nos han cegado la memoria y que los poderosos no pueden apoderarse del alma de los pobres, si es que los hay, o son solamente empobrecidos a propósito, es decir se los roba inmoderada y enfermizamente.

-Pues sí que te has levantado hoy con humor, desde que te hiciste protéico no hay quien te aguante.

-Sueña tú mis sueños, o los sueños de cientos de miles de seres metamórficos y luego me hablas!.

-Lo que yo te digo, malas conexiones

-No lo digo para reprimenda,ten tú también humor!!!,no me siento bien siendo eterno,inmortal o como se diga ,aún en forma metálica.

-Nadie elegimos convertirnos en robots, fue por la guerra de exterminio biológico-molecular!!! , ya sabes....

-No estoy triste, si es que la palabra triste se puede escoger para un ente filosófico,como nosotros.

-Desde la guerra te volviste más taciturno, más alejado del resto,parece que las palabras del Ghran Khancomendador no te sirven.

-No! Qué va! Que viva el Gran Khanomendador y su realeza para los tiempos de los tiempos!, dijo sin mucho afán,solamente me planteo las cosas ,nada más, tengo que trabajar...Además ,me muero por un orgasmo puramente biológico,coño!

-A lo mejor es que echas de menos tus tejidos fabricados en carbono, tu corazón musculoso, tus neuronas rociadas con eso,..como se llamaba? Hormonas!!!,y todo eso...

-No sé si realmente lo nuestro se puede llamar inteligencia, no estoy seguro.La biología permitía sentirnos parte de la naturaleza y comprenderla.Ésa es la tecnología que aparece en mis sueños, había una tecnología biológia sabes? No sé si la solución robótica fue la mejor, o fue una elección para esclavizarnos aún más.ya sabes palabras del GrnKhan Comendador..

-Sé a lo que te refieres,una solución final menos terminante, o menos final,podíamos ser como los pleyadianos,o los epsylonanianos, y viajar por el cosmos en naves etéricas..

-Exactamente! y formar parte de la Federación de Planetas.

-No vayas romanceando eso por ahí demasiado alegremente, nosotros formamos parte del esternon del gran ser, no lo olvides, no tenemos elección, seres Neorobóticos con una única mente, sin individualidades.Seres humanos nuevos ,afortunadamente reformados para la eternidad,.

-Pero quién posee las piezas de recambio? A quién acudimos siempre?...Es un monopolio y todo monopolio tiende a la concentración del poder en unas pocas manos..

-No vayas diciendo eso por ahí tan libremente o te desconectarán!!

-Y qué ocurre si me desconectan?Me paralizaré? Dejaré de soñar? O es que mis sueños serán eternos también y no necesitan de una base en cadmio? Quiero decir que a lo mejor, y es una posibilidad nada más, lo que ocurre es que nos han engañado y nosotros no habríamos necesitado la solución robótica, es decir nos aprisionaron de esta forma haciéndonos creer que era la única solución, cuando para nada es la única opción.

-Si te crees las leyendas de los pleyadianos y de los arcturianos es que estás loco.Esos seres no existen, estamos solos en el Universo.

-No estoy tan seguro, puede ser que seamos más que seres matéricos..

-La solución final lo dice claramente, no existe el alma.son solamente conexiones eléctricas disfuncionales.

-Nos engañaron con esta supuesta eternidad, cuando en realidad es una muerte en vida, una no-existencia, un sueño dentro de un sueño,

-A qué te refieres?

-No sé, no me hagas caso..Pero imagínate la posibilidad que este miedo a la muerte, a la no-existencia haya sido solamente una excusa para instaurar un régimen de dominio sobre los seres humanos, y que se haya obligado a re-conetarse a una fuente de energía inagotable en apariencia, que no es de ningún sol, sino de nuestra propia vida biológica anterior.

-No tiene sentido lo que dices, el Compendio Humano-Robótico es muy claro, nuestra energía ilimitada y perpetua viene del sol.

-Entonces porque nunca lo vemos?

-Bueno, tienes que tener fe en nuestros Constructores,el GranKhanComendador....

-Nadie nos dice que no podamos pensar..

-Pero desgastas tus circuitos sin utilizarlos plenamente.

-Utilizarlos en qué? En producir más circuitos? Y el alma? Y el espíritu?

-No existe el alma!!!.

-No somos solamente piezas en una cadena de montaje, tenemos un designio.

-Un designio? Hablas como los profetas Radiculianos

-No los conozco

-Lee los archivos 4 que te estoy enviando, allí hallarás las respuestas que buscas.

-Gracias Neo-Cortex!.Me imagino si los sentimientos de alegría, pena, nostalgía se pueden asimilar a seres como nosotros, o si son solamente señalados por comparación con nuestros antiguos seres biológicos, mi antiguo yo lloraba,reía, porque sangraba ,se le podia perforar el pulmón..

-Pero también soñábamos..

-No somos lo que soñamos, es como esta escoria que manejamos todo el tiempo, lo que sobra de la inoxidación, y no solamente los sueños, nosotros mismos podemos ser solamente lo que sobra de la creación entera, el último residuo,y nos hallamos tan importantes!!!....hehe!!!.Voy a leer tu archivo:

-De los Poetas Radiculianos:
"Cuanto más te asemejas
A una porción de ti mismo
Más en to totalidad estás"
"No somos lo que producimos"
-Quiénes son estos Profetas?
-Ahí al final del libro tienes referencias, fechasm direcciones en el espacio reticular...Antes de ser explosionado para siempre.
-No , tiene que haber algo, alguien más, me tomo el día libre..
-Siempre me dejas la peor parte Newbot!
-Parecemos un diálogo entre frecuentadores de chat.
-Al final será lo único que nos quede...(domos---cúpulas de mezquitas el pasado...hehe!!)
<u>Archivo 4 : "De los Documentos de los Profetas Radiculianos":</u>

«Y los Maestros Gigantes hablaron, así como los Dominadores, los Poderosos del Cielo: Es tiempo de concentrarse de nuevo sobre los signos de nuestro hombre construido, de nuestro hombre formado, como nuestro sostén, nuestro nutridor, nuestro invocador, nuestro conmemorador. Haced pues que seamos invocados, que seamos adorados, que seamos conmemorados, por el hombre construido, el hombre formado, el hombre maniquí, el hombre moldeado.»

Popol Vuh, Leyendas de los Mayas-Quichés
Así, en la Epopeya de la Creación, Marduk dice :

«Produciré un sumiso Primitivo; 'Hombre' será su
nombre. Crearé un Obrero Primitivo. En él recaerá el servicio de los dioses, para que ellos puedan descansar tranquilos.»

-Por lo que se ve,no somos los primeros en creer en conspiraciones!
-No solo eso, sino que tú serás laclave para desentrañar nuestro propio destino.
-Quién? Qué? Quién ha hablado?
-"Somos nosotros!!, te hablamos desde la frontera del pensamiento a la que has accedido a través de hojas espacio-temporales inscritas en el texto, te hablamos y puedes hablar con nosotros estemos donde estemos en el espacio-tiempo creado...Somos amigos, los Profetas!!...hehe!! "
-Sigo Leyendo : "Tanto el horterismo de las derechas como la Tecnocracia de la Izquierda, son los dos caras de la misma moneda, se necesitan, y en algunos ámbitos habitan mútuamente, lo cual no deja de ser exótico, un medio altamente disfuncional, fermento y consecuencia de la tecnología mecánica y su fuente ideológica , La Máquina".
-Pero qué es"Derecha" e "Izquierda"? Y La Máquina?
- Derecha era el lugar físico ocupado por los diputados en el parlamento francés tras la revolución , en 1789, desde el estrado de oradores los que se encontraban a su derecha y correspondía a los que defendían los derechos jurídicos de los latifundistas ,antes privilegios feudales y que se transformaron en los burgueses tras la misma, aunque en la historiografía mundial los aristócratas y los burgueses representaban sectores opuestos, en realidad ocurrió lo contrario, y de la noche a la mañana representaban los más aguerridos sectores revolucionarios los que fueron los aposentados más recalcitrantes, ahora sólo faltaba una ideología nueva que les permitiera argumentar y escindirse de cualquier similitud con los sectores más sanguinarios de la extinta época feudal, que aún de su cierta estabilidad social terminó radicalmente y con violencia,en ese momento apareció el jacobinismo, en realidad una excusa para el uso inmoderado del poder ahora llamado revolucionario que degeneró y desembocó en el imperial Napoleón , de manera muy natural, como debes pensar efectiva y acertadamente siguiendo la lógica que te hemos mostrado durante toda esta argumentación...después hablaremos del marxismo"
Nosotros aparecimos en una cueva al sur de Francia, y lo cambiamos todo,unos textos en un cofre ocultos de los ojos de todos, que ahora os vamos a mostrar : "Sobre un simca 1000 color naranja vivo desplagamos el mapa, era Valencia año 1979,en pleno verano tórrido,..:

-Nos tomamos unas cervezas y lo pensamos mejor.

-No, debemos tomar el congreso y atacar la Zarzuela ahora!.

-Sin dinero no podremos, yo abogo por lo del atraco al zaragozano...y no se hable más..

-Das carpetazo a un año de trabajo...

-Te voy a.....

De entre las matas aparece un pequeño ser, como un niño perdido, allí? Aunque sus ojos eran extraordinariamente negros sin fondo blanco...y vestia un manto blanco muy puro.

-Humanos, dejad de brigar,mirad...luces burujas de color crearon una danza sobre el suelo quemado por el sol dibujando una pirámide perfectamente se elevavba en el aire que los envolvió y los trnasportó más allá de la tierra..

-Dónde estamos?

-Estáis seguros, no os haremos daño de ningun tipo, somos amigos.Lo más difícil está hecho, meter a Marcos en un película de X-Men,luego dirán que no somos políticos!!!.La Resistencia Continúa....hehe!!!.Activistas del neocortex cósmico más bien se debería decir, expertos en las artes marciales políticas....para cuando la burbuja chamánica fluorescente sea un domo asambleario...somos nosotros los que no comprendemos, nuestras tecnologías supeditan la toma de decisiones,al revés que vosotros, soñar es construir la realidad, es hacer política, arte siempre es un acto político,una cadena de tecnología, una forma de plegar el cosmos, sin tecnología,la última frontera...siempre hemos sido los mismos,en todas las épocas y direcciones a las que el ser mira, allí nos encontrarás, activando cerebros, siendo los activistas,luego llegan los de Orion y nos suplantan,los conquistadores, y escriben la historia, su historia, es hora de escribir la auténtica, no la nuestra o la de ellos, sino la de todxs, todos formamos parte, aunque nosotros hayamos sido los protagonistas, sin nuestros enemigos reptilianos no habríamos realizado nuestros objetivos,bien mirado....la luz necesita de la oscuridad para acabar con ella, esto es absurdo!!..ellos son una anomalia, una enfermedad,un cáncer del cosmos,no los necesitamos para nada,a veces me hago un lio, ellos sí nos necesitan a nosotros, no nosotros a ellos, por eso os necesitamos ahora a vosotros, por eso os hemos traído aquí, porque ha llegado la hora de acabar para siempre con esta historia triste, y conducir la energía del cosmos a una época de esplendor , una fase que siempre debía haberse producido, en realidad ellos han escrito la historia como SI SOLAMENTE HUBIERAN OCURRIDO CIERTOS HECHOS , cuando el 98% de la historia no los necesita, ni han aparecido nunca, y encima salían como los únicos protagonistas (!), ridiculo, ahora es el momento de la normalidad y de curar al universo ...nunca hemos necesitado las energías negativas, eso es también parte de su política, la irrenunciabilidad ,la inexorabilidad de lo negativo, por supuesto falso también, bueno...vamos a actuar, vosotros estáis aquí como obsevadores y c-o-ayudantes nuestros, vais a hacer un servicio muy especial, pero antes debemos explicarlo todo, por eso mi introducción es tan extensa, perdonarme ser tan pesado,mi nombre es Capitán Midnight, medianoche, o Nube de Ámbar Platino, coordinado por las fuerzas de Epsylon-Andromeda y otras galaxias para interrumpir el flujo temporal anormal o discontinuo en todo el cosmos, les ruego me perdonen mis palabras, por favor preguntenme sino entienden algo...Bueno veo por sus expresion que no entienden ni papa, bueno los necesitamos, para una misión en la tierra, serán llevados al año 2014, a buscar ese documento,y luego los trasladaremos de nuevo a su momento y tiempo respectivos.Suponemos que se encuentra en una tribu de beduinos, cerca de la ciudad de los Nabateos, Petra :

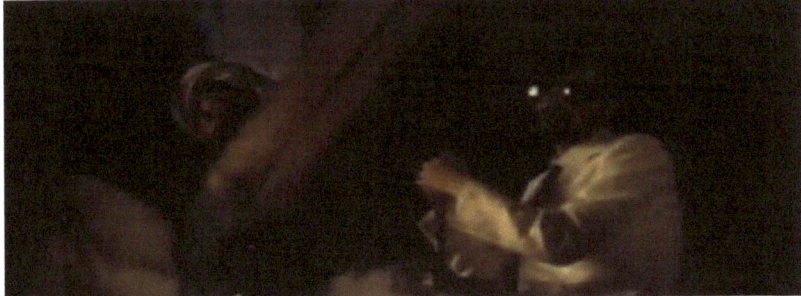

-Sigamos leyendo :

"No solo hay que saber qué cosas hay que hacer, sino hacerlas por la causa justa, y sobre todo ,lo más importante es saber cuándo parar, y cuál es tu camino".Cylon I de la Nueva Oportunidad Insekto,cylon 13 del sektor iv° el día de la decisión: AHORA SIIII....HEHE!!!! GRACIAS A TODOS Y A TODAS...BIENVENIDOS TODOS A LA NUEVA OPORTUNIDAD INSEKTO.

"Y su dolor no remitía. Finalmente dio a luz a otro niño, y fue grande la alegría del padre, que exclamaba: «¡Un varón!»

Aquel día sólo él sintió ese júbilo. La madre, postrada y abatida, estaba pálida y exánime... Lanzó de repente un grito de angustia, pensando en el ausente, no en el recién nacido... «¡Yace mi niño en la tumba y no estoy a su lado!» Oye de nuevo la amada voz del difunto en boca del bebé que ahora tiene en sus brazos: «Soy yo, ¡pero no lo digas!», susurra mirándola a los ojos. VICTOR HUGO, Lazos de amor,Brian Weiss ,Página 15.

Videoyoutube : "GUERRILLA WARFARE XI GM108X MENTAL MAYAN TRNASMISSION THROUGH THE WORLDS" (RESUMEN):
"La civilización maya está superándose a sí misma en cuanto a posibilidades,límites o formas de organización,etc...Digamos que no hay una sola civilización maya,la semilla que esparció los mayas galácticos,se está reproduciendo pero a otra escala,a otras escalas, en otros lugares, con otras personas,y definitivamente se va a instalar en este planeta como una base de operaciones de los maya,ademád de la de Alcione,además de Arcturo, etc...Ahora estamos completando el círculo, el ciclo de Camelot,los caballeros de la tabla redonda, Merlín, Arturo,Ginebra...Nada puede contra el poder del amor, es una gran lección...Quiero incidir en este vídeo sobre algunos sectores que aparentando ser revolucionarios,son unos "infíltraos" del sistema, porque los que más parecen revolucionarios son pagados por la NSA y el Pentágono,servicios secretos y gobiernos de todo el planeta,así que fuera discursos, eslóganes, banderas, y patrias porque eso ya no vale, habéis sido localizados..Cuidado, tenemos poder, estas palabras están indicando lo que estamos preparando, estoy advirtiendo precisamente a aquellos que aparentan ser revolucionarios pero lo único que hacen es molestar,y ninguno de los esbirros de los gobiernos me va a intimidar, ni voy a dejar de funcionar al ritmo que estoy funcionando, fijaos de lo que estoy hablando, una persona como yo que ha estado en prisión 3 años por ideas políticas..., por eso ninguna mafia, ni la italiana, marroquí...prospera,porque en España la mafia gobierna. Los mafiosos han logrado el poder, han logrado controlar los juzgados, han logrado controlar el parlamento, han logrado controlar las leyes,cuando hay personas como yo que no somos mafia, sino una alternativa real a la libertad, auténtica, usan esos medios de los parlamentos, los juzgados y las leyes para meter en la cárcel o matar directamente a las personas como yo,pero qué ocurre? Que nosotros ahora hemos despertado, nosotros no somos lo que éramos antes, hemos cambiado y por lo tanto estamos preparados,no odiamos a nadie, pero tampoco somos víctimas de nadie,quizá este mensaje resulte un poco acre ,y difícil para algunas personas,pero os aseguro que lo váis a pagar,cada cosa, cada acción detestable que estéis haciendo contra la libertad del ser humano por egoísmo y por falta de escrúpulos,nos vamos a encargar personalmente ,uno a uno, de cada uno de vosotros,no os preocupéis, no sabéis de lo que somos capaces, pero somos pacíficos, no creemos en la violencia, y resulta que somos buena gente,así que no nos toquéis los cojones "demasiao" porque sino te aseguro que a la mínima ya se nos va.......Y nos da igual 8 que 80,pero para evitar eso hay una cosita,esa pequeña cosita que es amor...No os rindáis jamás,nunca ,esto acaba de empezar, Te quiero con toda mi alma Iki, Tanambi Kunha, mi esposa,mi mujer...hehe!!!".

-Este Archivo 4 es increíble...pero sigamos ...:
La Nueva Política Económica :
"Cada individuo debe comprender que tiene una parte de responsabilidad en el proceso por el cual deseamos que los costes de subsistencia sean cada vez más bajos, hasta que finalmente los recursos básicos para la supervivencia sean de libre acceso para todos "a lo que añadimos "que sean gratutitos y de libre acceso para todos"de La Décima Revelación, James Redfield,pag.210
Y llegar al descubrimiento de una fuente de Energía gratuita ,infinita y eterna ,que ya existe, y vertebrarla haciéndola entonces funcional al menor costo posible....que es el próximo paso de la humanidad.

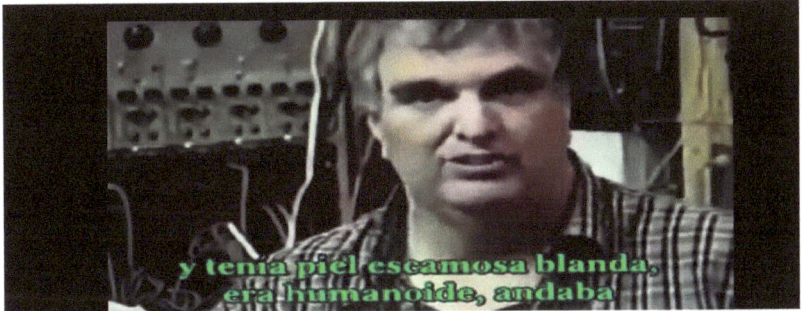

Preston B. Nichols, autor de "Encuentro en las Pléyades" detallando en un vídeo su encuentro con un reptiliano "hombre lagarto" mientras trabajaba en el Proyecto Montauk.

1-Cuerpo Físico 3d:
1.1-Region Neural Adyacente (posteriormente)

1.2-Centro Neural-Neurálgico Hombro Derecho (C.N.NL.H.D.) :

#The CORTEX:

Dedicado a mi madre,este capítulo, la guerrera Francisca Arco Pérez que me enseñó a luchar :

"Nadie quiere escuchar la verdad ,La sociedad ha perdido la orientación, demostrémosles cúal es el punto : No somos máquinas!!!".John Connor, líder de la Resistencia Humana.

A lo largo del tiempo las fechas se han cambiado, los registros astronómicos que señalaban el comienzo del Ramadán islámico han sufrido una desviación desde el origen y hoy en día se puede decir que el ramadán no empieza cuando debería ni en el momento que debería por una desviación que se ha producido en nuestra galaxia, un desplazamiento, al igual que en nuestro sistema solar y en la propia luna, ello ha desembocado a lo largo de los años, décadas, centurias...en una mutación en la rotación de la luna alrededor de la tierra y consecuentemente en un error de cálculo mosntruoso, por favor revisen sus datos y comiencen a investigar sobre este hecho, pues pueden encontrar más respuestas de las que se imaginan, la luna no se encuentra en el mímso lugar que hace 1400 años ni se mueve a la misma velocidad que hace 1400 años.El ramadán así incluso se ha convertido en un metaproyecto de La Máquina, los verdaderos musulmanes no lo siguen porque es parte de una megaprogramación de La Máquina, el Dios Vivo, el Único, Allah, está más vivo que nunca.La programación se efectúa a través del control del tiempo que es el que crea la forma de nuestros pensamientos, así ocurre con el calendario gregoriano y con la ejecución del ramadán actualmente, es la desviación del islam del sentido crítico y de la ciencia lo que ha provocado su subdesarrollo actual y el acercamiento a ideas supersticiosas sobre Dios, y así todo, cuando en la génesis no era así, esa escisión ha creado un Islam mutante que en nada tiene que ver con la idea original, al igual que el Vaticano nada tiene que ver con el mensaje Crístico, y su origen extraterrestre.

Nosotros, como Resistencia Planetaria contacamos con nuestros hermanos mayores del Universo a guiarnos en nuestra independencia, hacia la libertad de la raza humana.

El Desenclave del Rotex-Cortex:

"Porqué luchas tú ahora Sam? Para que el Bien reine en este mundo señor Frodo,se puede luchar por eso." de "El Señor de los Anillos".Batalla en el abismo de Helm.

Qué es el Rotex-Cortex? Es la Unidad de seguimiento por la cual nos colocamos en la vanguardia al frente depara adelantarnos a los movimientos de La Máquina, de hecho con ello logramos unificar los movimientos en un Golpe Único (G.U.), es muy fácil, pues los impulsos iniciales provienen de la misma máquina, son fusionados, ecualizados y devueltos "modificados",o "disfrazados", también generar impulsos autónomos, al mismo tiempo, un compendio de Efectos-Ataques-Destrucciones-Camuflages-Diseños mejorando lo presente, es decir los Levels ("Las Alas de la Libélula-Presciencia Insekto/"La Tikrazía Insekto-El Siglo XXIX y la Geología Neural")

#A por ellos!!!, "Del film "El Juego de Ender".

La Tecnología Insektivora (Y 20@):

LEVEL XXXVII= LENGUAJE INSEKTO/PHASERS/CRONOGRAFO INSEKTO/SER FINAL/ESPORAS DEL SUEÑO/TEXTURAS CAMUFLAJE.

"Cuida mucho ese cuerpo,ok?
Porque ese cuerpo es mi templo
Y en su interior
Quiero realizar mis oraciones
Mi Dios está en ti."
Poemas al Corazón_Para mi mujer_Part II
"Sin ti no podría sonreir
Tu eres mi mujer
Tu eres la razón de mi existencia
Tu eres la magia que invade el aire
El rayo que no cesa
La sangre que no para
Tu eres todo para mi
Eres más de lo que yo jamás podría explicar
O definir
Eres mi mujer, tu ers mi mujer

Tú eres mi vida
Tu eres mi fuerza,tu amor es mi fusil
Tu amor es mi esperanza
Tus palabras son la sangre que
Corre por mis venas
Tu corazón es mi corazón, este lugar al que
Yo quiero volver cual Kukualkán
Retornar a casa en este 2012
Soy tuyo,soy tuyo..soy tuyo
Siempre seré tuyo
De aquí a Lima
De aquí a Plaenque
Siempre estaré contigo
Yo cuando muera quiero dormir
En tu brazo,
Quiero estar pegado a tu pecho
Quiero desembocarme en tu pelo
Quiero que seas, tú y morir en ti
Sé que moriré en til. 24/02 /2012 cal. Greg.

Una cosa : SEGUIMOS SIENDO LA EXCEPCIÓN!!!.
Acudo de nuevo al Centro Modular de la Galaxia Epsylon y no recibo ninguna información, sólo me dicen:
Epsylon somos la Salvación del Universo, la Luz más brillante del Universo, Cosmos,pero lo importante no es la
información, o una frase o dos, lo importante es la sanación, la cura, a partir de ahora llamarás al Centro Modular
de la Galaxia Epsylon (C.M.G.E.) el Centro Reparador de la Galaxia Epsylon (C.R.G.E.P) o el Santo Centro Reparador de
la Galaxia Epsylon (S.C.R.G.E.).Me gusta los dos términos, santo porque realmente es milagroso, realmente no existe
ningún lugar en el Planeta como éste, sólo en este lugar estamos recibiendo las ondas desde los de Epsylon,en todo
el Planeta, y es esa naturaleza de excepcionalidad la que quiero sacralizar, porque aquí quiero ser enterrado
cuando muera...hehe!!!.Sólo en este lugar siento que realmente algo me pertenece.Durante el rato que estuve allí
tenía una canción en la mente :"Forever Young" de Alphaville, y ahora dentro de casa mi vecino, que siempre me da
la lata con la música está escuchando precisamente "Forever Young" ,bueno una versión más hip hop,realmente
este lugar es excepcional.SEGUIMOS SIENDO LA EXCEPCIÓN!!!.AHORA SÍ!!!.Ahora estoy leyendo el libro "Embajada
Alienígena!"De Ian Watson, casualidad? No creo...hehe!!!.Ahora lo entiendo,en este día han aparecido dos reportajes
en la televisión brasileña acerca de la perdida de memoria y su relación con la muerte de neuronas,ui!!!!,de milagro
no me quedo tonto con Alzeimher!!!.Hoy Cylon "La Ciudad de la Ciudades Insekto" de las Ciudades del
343!...Felicidades!!!...hehe!!!.Y más relaciones claro, con los Intraterrestres y los mayas galácticos y el Sub Marcos
del EZLN.Todos ellos están muy cerca, muy unidos entre ellos.Más que relaciones, tienen cercanía por misiones
comunes.Bueno ya lo iremos arreglando a lo largo del texto, de momento dejamos esbozado estas reflexiones sobre
la misión común del EZLN ,del Centro Reparador de la Galaxia Epsylon, del Subcomandante Marcos, de los
Intraterrestres y de las ciudades del 343, para ampliarlo en su momento,debidamente....hehe!!!

#Éste es Paco, mi gato negro que se escapó...hehe!!!.A los pocos días Tanambi me trajo otro gato similar más
callejero que acabó estrangulándose con una cuerda que la puse para que no se escapara...eso me afectó mucho, el
pensar que uno no debe ejercer demasiada presión sobre lo que ama, ya me ha pasado en alguna ocasión más, con

un pequeño gorrión al que alimenté hasta que estalló el estomago..por eso no tengo mascotas, olas tengo muy lejos de mi...hehe!!!.Además ahora he estado en el Centro Reparador de la Galaxia Epsylon(C.R.G.E.) y sentí el mismo olor uando enterré al gato y me recordó esas fuerzas negativas que rondan por aquí y que toman inadvertidamente a quien se encuentre cerca sino estás atento, de todos modos, los de Epsylon hoy me han tranquilizado, diciéndome.."No estás equivocado!! Tienes razón!!!" "Lo que piensas no es locura!! Sino certidumbre" y que hay momentos para todo, hay ocasiones en que las frases o la información no aparece, no hay que alarmarse porque están sanándome , o reparándome,eso es lo que me han dicho hoy.Y tienen razón....hehe!!!-Es un milagro lo que ha ocurrido hoy, y todo se lo debo a los de Epsylon, iba a dedicar este capítulo a mi otro gato negro que murió luctuosamente pero creo que no es momento de tristezas...hehe!!.Gracias a los de Epsylon!!!

CENTRO REPARADOR DE LA GALAXIA EPSYLON (C.R.G.E.)
2006-2014 CAL.GREE.

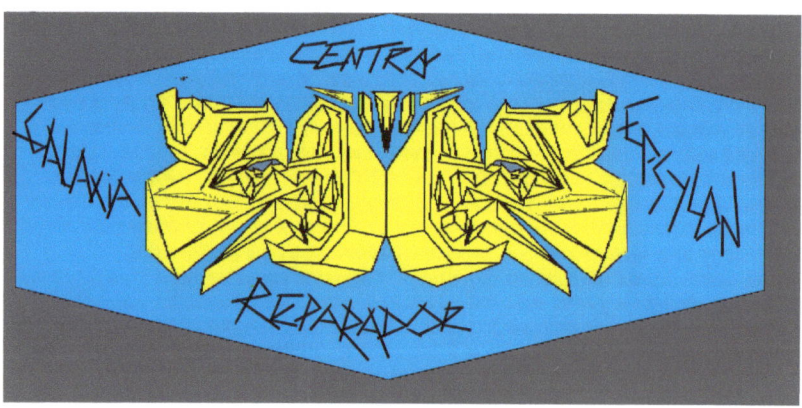

Centro Reparador de la Galáxia Epsylon (C.R.G.E.)

Cuando comencé a plantearme esribir un libro que relacionase el núcleo de mis investigaciones que unen la Espiritualidad, la Ufología, la Exopolítica y el Cambio de Paradigma, se me inició en mi mente un proceso diferente, digamos, debía dejar Las Crónicas Insekto pues mi colaboración con los Insektos había terminado según ellos mismos me declararon y debía profundizar en mis nuevas relaciones con los de Epsylon, eso me suponía un dilema moral, cómo iba a dejar a mis compañeros Insekto, una escisión amistosa de los humanos y navegar ahora con mis colaboradores, perfectos en su ayuda pero muy esquivos en sus demostraciones o muestras públicas? Y ahí es donde me dijeron ellos mismos que por eso necesitaban este libro, para hacerse públicos todavía más, y que al pertenecer Jesús a la Genealogía de esta raza humana perdida en el Espacio, tras las Guerras de Lyra, llegamos a la Galaxia Epsylon.Que todo lo que había investigado en realidad era Epsylonaniano y que debía enlazarlo con las otras investigaciones en el terreno de la Casa de jesús, de su linaje que une a todas las razas de la Tierra y a los seres de Epsylon, uno de ellos, o nosotros, y que ellos, los de Epsylon somos nosotros mismos en el futuro, esa idea ya la había oído en algún vídeo de Youtube ,en que se decía lo mismo de los de Casiopea, sino que ahora debía unir mis descubrimientos del Siglo XXIX y nuestro futuro como raza con la venida de uno de los de Epsylon, Jesús, y que ellos seguían manteniendo la llama en lo alto, "La Mayor Luz del Cosmos" me repiten una y otra vez, Cómo negarme a tal empresa?.Así que me tomó una semana realizar el esquema necesario o exoesqueleton de la obra,lo cual me suele tomar un día o 2 ,y ahora es el momento en que empiezo a escribir.He de decir que para mí este libro es una conmoción, que rompe con todo lo que hasta ahora había conocido pues intenté alejarme lo máximo de las religiones y su contexto controlador, poco a poco me fueron tranquilizando señalándome que ellos solamente venían a traer un mensaje y que lo que los reptilianos u otras razas hostiles hicieron no era responsabilidad de ellos, eso quitaba autonomía a nosotros como raza humana, en medio de dos fuerzas cósmicas tan terribles y poderosas que tenían nuestra casa como campo de batalla, de juegos o de qué?.La importancia de nuestro planeta excede con mucho lo que podemos imaginarnos así como su edad, así omo su adecuación milenaria en el Cosmos, en realidad no sabemos nada...La propia Conquista de América fue un evento destinado a unir a las razas cósmicas afines a los humanos, pero fue tergiversada por el otro bando, dándose las matanzas y depredaciones,las tribus originarias de América están genéticamente emparentadas con la familia de Jesús, es una idea que me repiten una y otra vez, así que ya tenemos todo el Plan...En la Antigua Lemuria éramos una unidad, una sola raza, que se escindió,algunos de nuestros compañeros huyeron al interior y crearon las ciudades Intraterrenas.Hasta ahora,siguen allí,y antes de Lemuria los de Epsylon ya habían llegado aquí a establecer contacto, viendo los acontecimientos venir decidieron enviar un explorador que diera un mensaje a la humanidad, un enviado, y Jesús se presentó voluntario, ello rompe todas las creencias y supersticiones que se crearon alrededor de su figura, así como la Religión consecuente, ellos me señalan que no tienen nada que ver con sus enemigos acérrimos los de Orion, y que transformaron su mensaje en un fanatismo sangriento.De hecho el transporte de tecnologías que Jesús llevó consigo aún existen, entre nosotros, es decir que vino cargadito de tecnología Alien y que tras su "muerte" las dejó en la Tierra hasta el momento presente.Esto cambia completamente nuestra historia y todas las investigaciones que se han llevado a cabo sobre él, la veneración ritual a jesús nos ería por un crecimiento espiritual sino por un acercamiento y conocimiento de tales tecnologías, "perdón de los pecados", "me llamaréis y allí estaré" ubicuidad ,etc...Es por ello que la vibración de este libro es también muy alta pues no es solamente un estudio aséptico sobre la figura de Jesús, sino un acercamiento a la Luz que traen los de Epsylon, y una parte de la misma, de sus tecnologías, a través de mis palabras.Tampoco era un estudio ufológico sobre un jeús clónico abastecido por los servicios secretos de los Gobiernos y los Grises/Reptilianos sino lo contrario,un contrato con el Planeta Tierra para integrarse en la Gran Resistencia Cósmica en contra de la oscuridad de los Draconianos y Grises y demás razas hostiles a los humanos.Ahora véia claro el panorama completo: El porqué debía escribir este libro en este momento, en plena confrontación del 99% del mundo contra sus 1% de élites Reptilianas/Grisaceas , el porqué aquí en América del Sur, y el porqué todo ello conlleva una importancia enorme de rebeldía y revolución para liberar a los humanos a través del Conocimiento, un concepto Accuariano a tope, si Jesús vino en aquella ocasión con un Mensaje de Amor Incondicional, en esta ocasión Jesús se hace más Acuariano y libera todas sus tecnologías, se hace disponible, existente y real, enseñándonos que él no es el único sino que forma parte de muchos más compañeros como él, Epsylonanianos, y que ha llegado el momento de aparecer para ellos, de sus naves, de conocer cómo se visten, etc...Durante las 3 semanas previas a la escritura de este libro recibí una fuerte iniciación, practicamente durmiendo todo el tiempo, alejándome de una vida normal, transité el momentum con aprensión pero esperanza, sabía que lo que venía iba a ser importante y que debía estar preparado,es así que funciona, cómo funciona.Todos estamos metidos dentro de esta historia, formando parte, todo lo que nos ha pasado, en nuestras vidas, las misiones de nuestras familias,todo...Nadie se salva de este momento.Desenmasccarar al Jesús supersticioso y dotarle de cara,rostro y traje Epsylonaniano no será fácil, pero creo que es una investigación ambiciosa, creo que la más ambiciosa en la que me haya metido, y que yo soy el único por mis condiciones en poder escribirlo, por esa excepcionalidad..Unir mi sangre gitana con las razas cósmicas no será difícil, muchos links con Sirianos en Egipto así se confirman, así como su papel de guerreros y genéticamente poseedores de parte de este mensaje a la vez.Reunir las diferentes partes del Mensaje en Una sola fue lo más difícil para mí, como os digo una auténtica maniobra de alto riesgo, reunir los trozos del Puzzle Cósmico ,verlos imbricados y en una unidad en forma de libro es algo realmente épico.Durante años medité sobre las implicaciones del libro de Dan Brown "El Código Da Vinci",el enclave de Rennes le Chateau, Maria Magdalena, la Sara Kali de los gitanos, Merovée, y esa rama génica la tenía bastante definida, pero me faltaba algo, el otro trozo de Jesús estaba en América, por eso el afán evangelizador de los españoles, no buscando solamente el Dorado sino el mayor tesoro: El Linaje perdido de Jesús, todos buscaban lo mismo, los Jesuitas contactaron con los Guaraníes y ocurrió el milagro, los Guaraníes habían sido durante miles de años los guardianes del mundo Intraterreno y allí se unen a Lemuria y ahora en estos momentos siguen trabajando con estas razas y con las que están viniendo a ayudar a los humanos para integrarnos a la Gran Resistencia Cósmica,las implicaciones son grandiosas, fantásticas, extraordinarias,únicas,peligrosas y a la vez necesarias.Creo que en un marco general queda clara la enormidad del abasto del libro.Ahora todo está claro.

He de decir que en estos lugares donde el encuentro intraterrestrres-humanos es más intenso por la existencia de entradas al mundo subterráneo,los sentimientos biocidas son también mayores,los gobiernos disparan sus lanzas de muerte sobre estos lugares con más profusión, como en Chiapas, o en Matto Grosso do Sul zonas de amplia habitación intraterrena y consecuentemente humana a la par.Ello no nos intimida, aunque el número de crímenes y asesinatos sea mayor en la superficie, no nos intimida, el link permanece.Y es en estosmlugares donde el Link intraterrestres-tribus originarias-hermanos de las estrellas es tremenda, y por ahí aparece jesús Cósmico, no el asesinado sino el resucitado, no como figura religiosa sino como ser real, extraterrestre hermano.

"La Vida de Brian" Brian, al que consideran el Mesías,es secuestrado por unos aliens de labios gruesos,buenísimo.Una película altamente benéfica contra todo tipo de dogmatismos,fanatismos e integrismos hehe!!!.

Aquí, un extracto, un diálogo entre Brian que es encerrado en prisión junto a un preso que lleva 15 años en la misma celda , un carcelero y un centurión romano, divertidísimo!! Y muy autobiográfico, os lo aseguro que yo en prisión he escuchado diálogos similares, e eincluso mejores, y casi por los mismos motivos, mi vida en sí misma es una comedia de los Monty Phyton...Disfrutadlo!!!_hehe!!! :

(El carcelero le escupe en la cara a Brian, mientras se aleja)

-Viejo preso (colgado por los brazos en una de las paredes de la celda): Qué suerte tienes ,cabrón!....(y repite) Qué suerte tienes, macho! El enchufado del carcelero...eh?.

-Brian: El enchufado?

-V.P: Seguro que le has untado, a que sí?

-B: Que yo le he untado? Le has visto como me ha escupido en la cara?

-V.P: Lo que yo daría porque me escupieran en la cara! Hay noches que las paso colgado, soñando que me escupen en la cara!!!

-B: Pues no es muy agradable, la verdad! Y me han exposado!

-V.P: Exposado?Ayy! para mí el paraíso sería verme exposado!!aunque sólo fuera unas horas!!!.Deben tenerte en mucha consideración, hijito!.

-B: Oiga! Déjeme en paz, quiere? Lo he pasado muy mal!.

-V.P :Tú Lo has pasado mal, yo lo he pasado mal!. Yo llevo aquí 5 años y no me colgaron boca arriba hasta ayer así que no me vengas con historias!!.

-B: Bueno...

-V.P : Se vé que te tienen en un altar!.

-B: Qué van a hacerme?.

-V.P : Seguro que van a crucificarte y nada más! No tienes antecedentes.

-B: Crucificarme? Y nada más?

-V.P : Es lo mejor que han inventado los romanos!!

-B: Qué?

-V.P:-Si,si,si,si...sino fuera por la crucifixión, este país sería un desmadre!

-B:Carcelero!

-V.P:Crucifixión Ya!

-B: Carcelero!

-V.P: Qué aprendan a base de clavos!

-Carcelero : Qué quieres?.

-B: Que me cambien a otra celda.(Y el carcelero le escupe en la cara nuevamente).

V.P : Otro escupitajo! Vaya favoritismo!!!

-Carcelero: (dirigiéndose al Viejo Preso) Tú, a callar!

-V.P: Fíjate en mi, me colgaron aquí hace 5 años, todas las noches me bajan 20 minutos y me vuelven a colgar, lo cual me parece muy justo,después de lo que hice... Ya que no otra cosa, esto me ha enseñado a respetar a los romanos y también que no se llega a ninguna parte en esta vida sino trabajas y construyes un futuro a base de..

-B: Cállate!!!

-Centurión: Ahí está! Pilatos quiere verte!

-B: A mi? Para qué quiere verme?

-Centurión :Quiere saber en qué postura quieres que te crucifiquen.

-V.P: (A grandes carcajadas): Muy bueno Centurión, si señor.

-Centurión: A callar!!! (Yéndose)

-V.P.: (Solo en la celda) Magnífica raza la de los romanos, magnífica!..

Hoy (Ayer) viendo un vídeo de los Monty Phyton me dí cuenta de una cosa:

Somos como las ovejas que estaban en el vídeo, encaramadas en un árbol y el diálogo era evidente:

-No, es que una se ha dado cuenta y no quiere ser sacrificada...

Bueno, con mucho más refinamiento de lo que he expresado los Mony Phyton revolvieron el cajón desastre humano por unos años, lo primordial fue , que yo pensé que en realidad los Aliens (Zeta Grey/Reptilianos) nos ven a nosotros como a las ovejas, y somos realmente cosechados-entre Matrix y David Icke- y que no tienen la más mínima preocupación respecto a sus fuentes de alimento/energía, así sigo leyendo que el mismo David Icke alude al respecto diciendo que es esa 4ª Dimensión desde la que nos vigilan, así también usamos términos similares como "intermediarios" tanto en referencia a las Religiones, como a la Política,como Futbol....cualquier cosa,; es ése concepto de la 4ªDimensión el que desconocía en su totalidad,como un terreno absolutamente copado por los Aliens regresivos, aunque no sé si es un término simplemente o una valoración personal del propio Icke, yo creo que es una existencia real a lo que el denomina 4ª Dimensión aunque para mí la 4ª Dimensión es la válvula de salida para conocer el resto de dimensiones...Así, si se encuentra dominada es imposible para el ser humano explorar el resto de dimensiones ,10,14,18.. y reunirse con nuestros hermanos del Universo, el plan perfecto de domesticación ,engorde y recolecta...hehe!!!

Nota : Chiripa-Esto ha salido de chiripa!.Esa palabra viene del Quechua, aymara, Inca

Diversas Frecuencias Arcturianas

Un Acto de Amor

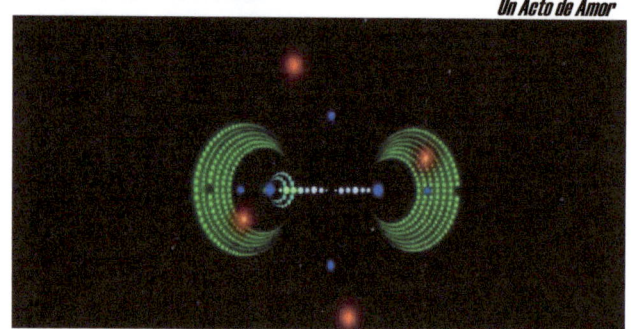

Mi Abuela matilde es arcturiana, como mi madre, mi hija, y mi esposa...hehe!!! Siempre me ha enseñado todo, estos juegos de luces, estos diseños, en comidas, siempre en ocasiones "despistado",gracias abuela,gracias madre!!!...hehe!!!

Asi como mi padre, me inclino con respeto ante su emblema, como el de mis antepasados,arcturianos

Asi como ante el mío propio y el de mi esposa,conjunto

.

Vais a ver muchas cosas tras la muerte : El paso de la muerte, de mi abuela Matilde como regalo, Gracias abuela!!!.

La Misión-El Comunicador

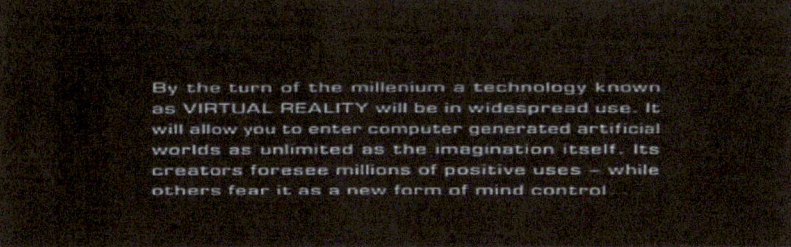

By the turn of the millenium a technology known as VIRTUAL REALITY will be in widespread use. It will allow you to enter computer generated artificial worlds as unlimited as the imagination itself. Its creators foresee millions of positive uses – while others fear it as a new form of mind control

Introducción a la película "El Cortador de esped" : "En el próximo milenio se habrá difundido el uso de la tecnología conocida como REALIDAD VIRTUAL,nos permitirá entrar en mundos artificiales creados por ordenador sin más límites que los de la imaginación.Se preveen millones de aplicaciones positivas-aunque puede dar a nuevas formas de control mental..." Muy explicativo, verdad?...hehe!!!.

Hay un libro que escribí el año pasado : "Las Alas de la Libélula-Presciencia Insekto", y hoy he encontrado esta imagen, perteneciente al mismo trailaer del mismo film,"El Cortador de Césped":

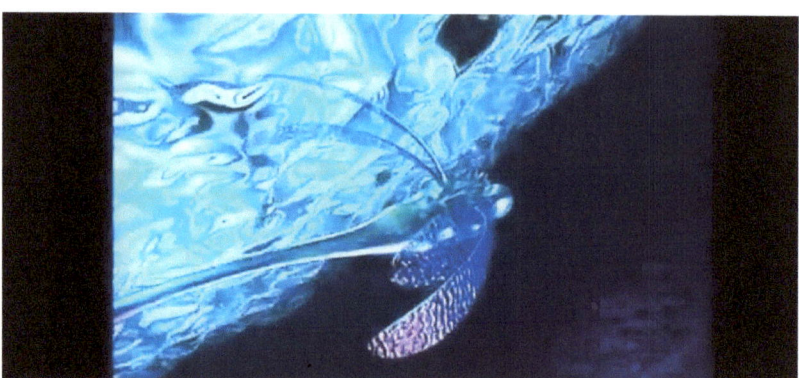

"Las Alas de la Libélula vuelven a volar"...hehe!!!
"«¡Todavía podemos conseguirlo!»" El Cerebro Verde, Frank Herbert,pag.4

#Entonces mi papel es mucho más importante del que me imagino, por mi posición de privilegiado al estar fuera del sistema, fuera del control mental global, lo cual no es tan fácil como podría parecer en un primer momento...y es nuestra ilocalizabilidad y ubicuidad a la vez lo que nos permite adelantarnos a las jugadas de La Máquina, e incluso superarla, yo llevo unos cuantos años trabajando-me a mí mismo en este sentido y ello me permite tener una visión muy localizada y amplia a la vez sobre los hechos, insertar oportunas órdenes y realizar movimientos inauditos desde el punto de vista de La Máquina, así al saber leer los mensajes de La Máquina directamente en mi pantalla mental logro zafarme y tomar estrategias oportunas para salir, liberarme y lograr vencerla en su propio terreno....hehe!! Mis libros podrían parecerse mucho a los de David Icke,"Yo soy yo, Yo soy Libre",por ejemplo, seguimos!!!...hehe!!!
Una cosa : Lo más importante es mantener la mente flexible, limpia de elementos condicionados, alejaos de planes perfectos para el futuro que os prometan paraísos o la felicidad absolutas NO EXISTEN, simplemente no existen, lo mejor que podéis hacer, bueno, lo que hago yo, es mantenerme alejado de estos falsos ídolos pues el "Dios Vivo" no se encuentra ahí, mantenéos incólumes, y luchad por lo que creéis, no estáis solos.....Así al lograr esta flexibilidad podréis ver las cosas con claridad y tomar decisiones sanas...hehe!!.
Una gran mentira que se nos vende es que existe un lugar o un tiempo en el que se está fuera de cualquier problema para siempre, ESO SIMPLEMENTE NO EXISTE, dense cuenta, despierten y háganse a ustedes mismxs, construyánse a ustedes mismos, y a su vida,es simple...hehe!!!

#LA GIGAOSTIA : "59Y86506IRURIJFVKMCVMFKVNFC"(X22) :
"FAIBNAINGUAIEITSIKSFAIBSIROUAIARYUARAILLEIEFYUKEIEMEFKEIYUENEFSI"(X22)
El encerrarse en una círculo energétio es fácil, de hecho es la norma, lo raro es salir del todos ellos a la vez lo cual requiere mucha determinación y voluntad, todo ello no es óbice,naturalmente, pueden convertirse en

protagonistas, adalides de su propia vida, eso es lo más difícil del mundo, afortunadamente estamos muy entrenados y acostumbrados a las trampas del sistema, de lo cual me enorgullezco, y afortunadamente también existimos unos cuantos de nosotros, que son libres del sistema, de La Máquina, y que de manera natural deciden hacerse responsables, de ahí que yo escriba libros, como otros y otras, también me dedico a otras cosas, pero fundamentalmente uso palabras como armas, como decía "El Viejo Antonio" en los cuentos del Subcomandante Marcos,allá en la Selva Lacandona, ahora no sé si llamrle Sub galeano, o en que universo plus-ultra se encuentra…Dejemos ese tema de momento….Lo que les hace diferentes, lo que cual les hace únicos es su forma de encarar la vida, o no…Supongan que somos seres multidimensionales, que podemos movernos libremente por el cosmos conocido y sumergirnos en las inmensidades de lo desconoido, supongan que son ustedes mismos que deciden escribir sus pensamientos y describir sus viajes interestelares, con conciencia que lo están haciendo, cuelguénlo en cualquier blog en Internet y ya serán profesores, escritores o lo que quieran…bueno, eso es una sola posibilidad, pueden escoger unirse a La Resistencia o simplemente huir…Pueden hacer lo que quieran, sus palabras recogidas, y sus personas queridas les recordarán quiénes son a la vuelta,no se preocupen, se pueden recomponer, resucitar a sí mismos de nuevo, hacerse querer y todo eso.Pueden creer que todo esto es solamente un alegato, o una parodia, es algo más,es un recordatorio..Y es un recordatorio para ustedes,porque los neesitamos, cada vez más, mi huida fue hacia adelante, encontré un camino,no el que más me gustaba, pero un camino eficaz, y colectivamente útil, escribir me permite hacer todas esas cosas, con disciplina y mucho amor, y no escribo por gusto, siento esa llamada,que ya les digo, es común a los que nos liberamos a nosotros mismos,y lo hago en forma de palabras-armas, y las comunico al resto, luego veo que no soy el único, y me alegro...me pongo muy alegre, de verdad,porque entonces sé que el momento está cerca, no se rindan, cuídense mucho…hehe!!! Bienvenidos a Matrix!!!…hehe!! Nivel 1.

Nuevas Frecuencias Vibratorias Arcturianas, "Love New

"La Realidad-MATRIX IV"

#*"TREMENDO"/ COOL,CULO...HEHE!!!*

Aquí,recordamos uno de mis blogs:
EL CUBO ARCO-IRIS: https://arcoiriscube.blogspot.com.br

EL CUBO ARCOIRIS

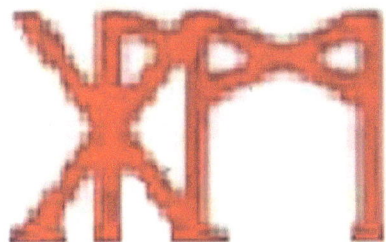

Aqui, arriba y en este diagrama-dibujo, se representan las runas Laguz, Gebo (X) y Mannaz,no he explicado todavía la gran potencia de las runas vikingas como forma elemental de comunicación con la naturaleza y de rememoranza de energías, así asimiladas en estos símbolos,la conjunción de fuerzas de las runas crea disposiciones anímicas muy poderosas como en el primer dibujo dando lugar a este úlçtimo ,"Bindruna Verde ":

BINDRUNA VERDE

Aquí lo que tenemos que hacer es un cubo, es decir ir añadiendo cada día las diversas partes de un cubo que construiremos mentalmente o en 4ª Dimensión , y se añadirán cada runa,una a una, inscribiéndolas en el corazón y mantralizando la frase de cada jornada/díaCasi la primera sería "Yo soy el agua de vida, la pureza suena en mí"..y hasta finalizar el juego,es acumulativo, por lo que cada nuevo día se añade el nuevo poder al anterior...hehe!!!.disfrútenlo!!!...hehe!!!.

1 JORNADA - Rojo ANILLO ARCOIRIS - Runa 1 - Laguz
Encarnamos el rojo :"YO SOY el agua de vida , la pureza suena en mi".
2 JORNADA - Naranja ANILLO ARCOIRIS- Runa 2 - Gebo
YO SOY el regalo de vida, el Amor resuena dentro de mi.
3 JORNADA - Amarillo ANILLO ARCOIRIS - Runa 3 - Mannaz
YO SOY el templo del espiritu, La vida resuena en mi.
4 JORNADA - Verde ANILLO ARCOIRIS - Bindrune 1 Rememoranza
YO SOY el que infunde mi encarnación con mi presencia YO SOY bendiciendome a mí mismo con el Corazón de la Luz Divina.Me rindo al único Corazón, y acepto el Regalo de mi Despertar al amor YO SOY.Al servicio del Amor, Luz,Verdad y Unidad.YO SOY lo que YO SOY.
5 - Turquesa Anillo Arcoiris - Runa 4 - Elhaz
YO SOY el Espíritu de la Vida,La Luz Resuena en mi.
6 - Azul Anillo Arcoiris - Runa 5 - Dagaz
YO SOY la Mente de la Vida,el AUM -OM Resuena en mi.
7 - Violeta Anillo Arcoiris - Runa 6 - Ehwaz
YO SOY el Mensajero de la Vida,la Fe Resuena en mi.
8 - Magenta Anillo Arcoiris - Bindruna 2
Despertar del Bodhisahtva
YO SOY un catalizador transmutacional de entendimiento Telepático.YO SOY el guardian de Toda Vida.YO SOY la Totalidad cubriendo al Mundo con mis alas, el Kin espiritual de la Tribu del Arcoiris.
El puente arcoiris es una metafora mitico-mágica para el transito de un estadio de existencia a otro y se encuentra de alguna forma dentro de muchas de nuestras culturas más antiguas como la Serpiente Arcoiris de la aborigenes australianos o la Serpiente Emplumada de los Maya . Cada uno de estos 16 dias se asocia con cada uno de los anillos del doble arcoiris que comprime los anillos exteriores del mandala de la Antorcha de Vida.
9 - Rojo Anillo Arcoiris - Runa 7 - Naudiz
YO SOY la vitalidad de la Vida,el Ahora Resuena en mi.
10 - Naranja Anillo Arcoiris - Runa 8 - Eihwaz
YO SOY el Arbol de la Vida, la Inmortalidad Resuena en Mi.
11 - Amarillo Anillo Arcoiris - Runa 9 - Mannaz
YO SOY el Templo del espíritu, la Vida Resuena en Mi.
12 - Verde Anillo Arcoiris - Bindruna 3 Auto-Decisión
Yo entiendo que el Mundo es un reflejo de mi Mismo, Como Yo me Curo así curo al Mundo.YO SOY la Fuerza de Legiones y YO SOY el Pilar de Luz,Mi Ser es mi templo,YO SOY lo que YO SOY.
13 - Turquoise Anillo Arcoiris - Runa 10 - Ingwaz
YO SOY el Potencial de la Vida, la Totalidad Resuena en Mi.
14 - Azul Anillo Arcoiris - Runa 11 - Wunjo
YO SOY el Amor de la Vida, La Fructificación Resuena en Mi.
15 - Violeta Anillo Arcoiris - Runa 12 - Mannaz
YO SOY el Templo del espíritu, la Vida Resuena en Mi.
16 - Magenta Anillo Arcoiris - Bindruna 4
Renacimiento del Fénix
YO SOY la Manifestación de mi Yo Iluminado.YO SOY el Fénix de la Ascensión.YO SOY la Primavera de Gozo absoluto ,Bendiciendo al Mundo en la Llama Arcoiris.YO SOY lo que YO SOY.

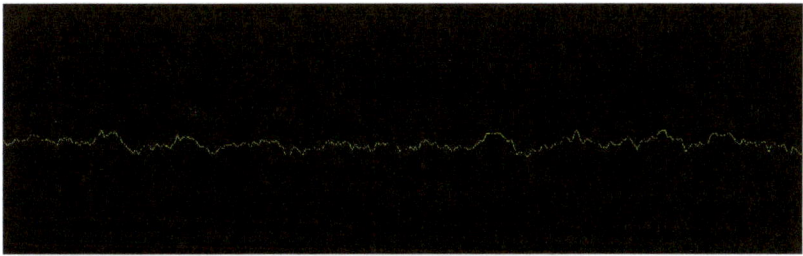

#Onda Sinodial "Before I Forget" Slipknot..TODOS LOS INSEKTOS RESUCITADOS A LA VEZ...COÑOOOOOOOOOOOOOOOOOOO!!!!!!!!!!!!!!!!!!!!!!!!!----.....HEHE!!! ALGUIEN LO PONE EN DUDA?....HEHE!!! A TOMAR POR CULO!!!...HUAHUHAUHAUA!!!

El Islam oficial ofrece pocas soluciones contra La Máquina, lo hemos visto con Bin Laden y Al Qaeda, utilizan desde el petrodólar los mismos sistemas de control sobre la población que el Sistema, no así las informaciones recogidas en el Sagrado Corán, que poseen una armonía perfecta matemática,geométrica incluso...hehe!!!.Pero el Islam ahora está regido por los mismos reptilianos como en USA, vigilantes, custodios e intermediarios se han multiplicado, nuevos tipos de sacerdotes van pudriendo almas por todos los países musulmanes...la misma mierda!!!, ahora con el poder que tiene Arabia Saudita podría liberar a todo el planeta, pero ni le interesa liberar a su pueblo, más bien lo esclaviza todavía más, sorprendidos profanando el mensaje original, nisiquiera a los palestinos a los que dice proteger frente a La Máquina Israelí, más de lo mismo,la misma falacia perpetuada una y otra vez, porqué no hablan de Túnez o las Primaveras Árabes? O Irán? No!, enseguida llegan los integristas, pagados por la NSA para acabar con los movimientos liberadores del dogma, e intoxicarlos, y sino lo dicho la enquistada Palestina, a todo el mundo le interesa la situación, incluidos los líderes palestinos, y mientras el pueblo a joderse!!!..Hijos de puta!!!.

Bueno, en este mundo en que para trabajar, pensar incluso,comprar en el supermercado..son necesarias respuestas rápidas, los medios de comunicación de masas pretenden darnos esas respuestas,y claro ante ese Bullying global ,lo que yo llamo el "Sistema Global Absolutista" o "S.G.A." las asimilamos sin pensar, por ello es tan importante conseguir respuestas propias y saltar por encima de las mantralizaciones diarias, por ejemplo aquí en Brasil con la Cadena Globo ,aún a pesar de tener cientos de cadenas ,siguen viendo la cadena globo, y es una programación brutal,cotidiana, constante, rutinaria y altamente nazi, los mismos programas, es la única cadena quasiaestatal del mundo en que se retransmiten 5 telenovelas al día, la cadena que más telenovelas produe en el mundo, grandes producciones, ningún documental serio de fuera de Brasil, todo producción propia de la misma cadena, en verdad nunca había visto un proceso tan intenso y agresivo de manipulación y lavado menta—cerebral.

#23F del 1981, un grupo de guardias civiles al mando de Tejero (Teniente Coronel) invaden el Congreso de los Diputados en Madrid realizando diversos tiros y posteriormente manteniendo secuestrados a los diputados presentes en una votación, durante unas 48 horas mecánicas ,tras las cuales y tras la aparición del Rey Juan Carlos I en traje de campaña ante las cámaras de toda España fueron liberados y se frustró el golpe,todas las guarniciones militares de España mantuvieron la lealtad al Rey y a la democracia y los golpistas fueron detenidos,el Teniente Coronel Tejero así como la mayoría de los implicados se encuentran actualmente en libertad....Porqué?.Dejemos de momento las posibles respuestas sobre el papel de la corona española, la democracia y la teoría conspirativa para más adelante, quizá lnos sorprenderá a todos lo que hallaremos...Seguimos investigando.Una conspiración lluminatti-Reptiliana?.

Mientra veía el final de la semifinal del Mundial de Brasil de 2014, aquí en brasil entre Argentina y Holanda, cerré los ojos y me ví en mi habitación del alma, con mi abuelo Juan, el cual se encontraba sentado en su sillón,con un fuego y sus cosas que le eran habituales y yo comparto esa habitación con él,claro, con su burra de toda la vida y mis caballos, y me ofreció la llave de luz y me dijo : Guardalá bien y USALA!, enseguida llegaron los penalties, usé la llave y Argentina vención, una auténtica lucha Luz-Oscuridad,Gracias Abuelo!

#Es algo así la llave de luz, úsenla, es muy poderosa.

Además,mi esposa al llegar a casa hoy encontró una llave antigua,el símbolo del próximo año Luna Roja según el sincronario de las 13lunas, o más bien tendría que ver con el triunfo de Argentina, el país que geográficamente corresponde a la Luna roja el cual comienza el 26/07/2014 cal. Greg. ,todavía queda por jugar la gran final del Mundial entre Alemania y Argentina, totalmente profético pues se enfrentan el símbolo del año que dejamos según las 13lunas también, año Semilla Amarilla que corresponde a la zona geográfica de Alemania y la Luna roja que corresponde a la zona geográfica de Argentina enfrentadas en la final del Mundial de Brasil, zona del humano ,que corresponde a mi kin según las 13lunas ,y es el día de hoy, hoy es un día muy especial.Y según el Insektonotronix es día Mosca y en el guerrero Insekto Chinche, que equivale al kin Tierra Roja, que equivale al oculto de la semilla amarilla, claro hoy era Mosca en el insektonotronix,que equivale al kin Semilla Amarilla, que cada ual saque sus conclusiones.

Vista de Rennes-le-Chateuau (Sur de Francia) donde todos los indicios nos indican que se encuentra enterrado el cuerpo de Cristo.

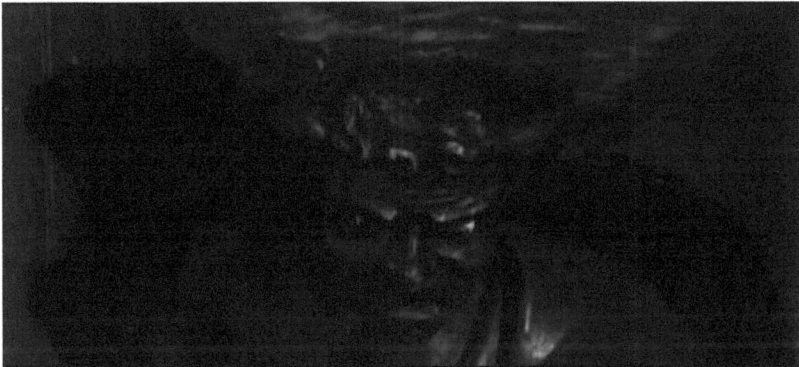

El Diablo que custodia el cuerpo de Cristo.En las culturas orientales los más feroces demonios protegen los más fabulosos tesoros,o el mayor bien....El Bien en sí mismo...hehe!!!.

Casualmente, yo creo que no, hoy recibo de mi esposa Tanambi un DVD sobre el Código da Vinci y rennes la Chateau, y antes de llegar a casa ,por el camino me enfrenté a un demonio similar, frente a frente, quizá es que el mayor mal esté próximo del mayor bien para protegerlo? Porqué están siempre tan cerca? En lugares polarizados como el que me encuetro esta regla se cumple todo el tiempo... O simplemente porque tiene celos de su poder? Yo creo más la segunda premisa.Navegando en las sincronicidades hallaréis respuestas, y el porqué de lo que hoy ha ocurrido, algún día os lo contaré, sino en este en otros libros...hehe!!!.Seguimos en la lucha!!...hehe!!!.

"Quien tiene el valor de vender el alma por amor,tiene el poder de cambiar el mundo, es por la razón correcta, quizás por eso Dios está de tu lado, éso te hace imprevisible, es lo mejor que puedes ser...No se puede vivir con miedo" De la película, "El Motorista Fantasma (I)".

"For one who has perception, a mere sign is enough.
For one who does not heed, a thousand explanations are not enough."
Hajji Bektash Wali Persian Mystic 1209-1271

'A two-hour documentary program televised throughout Japan on March 24, 1990. The entire program dealt with Area 51 "...highly intelligent and deceptive 'ultradimensional entities' materializing in disguise as 'aliens', are collaborating with a secret 'world government' that is preparing (barring unexpected circumstances - Branton) to ingeniously 'stage' a contact-landing...to bring about a 'New World Order'."

"Actually the collaboration between the Reptiloids and Grays has been undertaken with the full consent of both sides, and behind the scenes the collectivist Reptiloids, the Insectoids, the Grays and the Bavarian secret society lodges are all working together. Many scenarios are possible... however the important thing to remember is that ANY war waged against the Reptilian Grays... but the target of any future conflict with one or the other -- in regards to planetary or national defense -- should be directed specifically at those 'areas' where collaboration and interaction between the alien infiltrators AND the human collaborators are taking place... for instance areas such as the underground 'joint-interaction' bases of Neu Schwabenland, Antarctica; Pine Gap, Australia; Alsace-Lorraine Mts. area of France-Germany; and of course and probably by far the worst of all, the underground mega-complex below DULCE, NEW MEXICO..."

Aliens (Archons) have the ability to retrieve what we call the soul, to store it in a container, and to put it back into another body. They can take us - our consciousness - out of our physical bodies, disable our control of our bodies, install one of their own entities, and use our bodies as vehicles for their own activities before returning our consciousness to our bodies.Could it be that humans, possibly the military or others are using Archontic platform (grey bodies) to conduct their own agendas? Could it be that throughout the times some humans have been in alliance with the Archontic forces, to run their own or their group's interests?".

Goddess Aeon Sofia is impersonated on living earth as flora and fauna. She has a soul of an animal, and is a conscious interdimentional being, even guiding and steering earth through space. We live in her skin.

We recommend going into the wild and making a vow to Gaia Sofia, a promise to live in harmony with her.

La Mítica lanza de Longinos o La "lanza del Destino", la reliquia que Hitler creía dotada de poderes místicos que le harían ganar la guerra.

"Recientemente se descubrió que durante la década anterior a la Guerra del Golfo, y habiendo costado la astronómica cifra de 200000 millones de dólares, Estados Unidos y Arabia Saudita habían construido conjuntamente una vasta infraestructura de "superbases" militares en el desierto. Por supuesto, esa gigantesca partida no aparecía reflejada en los presupuestos, por lo que la monumental trampa de la que habría sido víctima Saddam habría sido organizada, entre otras cosas, para justificar la presencia de tales instalaciones en suelo Saudita. Esto encaja a la perfección con los rumores que corrieron en las fechas previas al conflicto respecto a que Arabia Saudita había incrementado su reserva estratégica de petróleo en previsión de una gran guerra. El 23 de Febrero de 1999 la agencia de noticias saudíta informó de la existencia de la ejecución de un proyecto similar valorado en 2000 millones de dólares destinados a la construcción de instalaciones de almacenamiento de petróleo, que incluyen cuatro "enormes cavernas para [...] productos petrolíferos, con una capacidad [...] que logrará satisfacer las necesidades del reino saudití en situaciones de emergencia y en tiempo de guerra".
Del Libro 20 Grandes conspiraciones de la historia de Santiago Camacho, pag. 181.
Es decir que los sauditas también han colaborado con los Zeta Grey y tienen sus propias bases conjuntas con ellos,lo cual explica muchas cosas de la situación actual en muchos países musulmanes,la actual Guerra de siria por ejemplo, que se va a convertir en una enquistada conflagración a lo "Guerra del Líbano" a comienzos de los años 80.
Cúal es el sistema en España? Fábricad de clones de los grises/--los grises es como llamaban a los policías del régimen en la epoca de Franco- u otro tipo de maniobras-estilo europeo-chips o nanochips implantes y programación neuronal masiva-a través de qué medios? Atentados?-Conspiraciones en España--Atentado de al qaeda-y demás...hehe!!!En un país pequeño o fue desde la expulsión de los judios en 1492 que se crearon estructuras endogámicas--- o fueron los grises que abalgando en naves del tiempo crearon la inquisión, o los reptilianos..brasil país de grises España país de reptilianos,....hehe!!!.Existen otros medios que se usan en españa en las principales ciudades, la mayor parte de la población vive alejada del centro, construcción de bases militares-grises subterráneas en el centro de España...drogas de mala calidad y mnaipulación de la 4ª dimensión....hehe!!!
La Segunda guerra Mundial que tendrá que ver con todo esto?
A partir de hoy, la ciudad de la música Insekto pasamos a denominar la ciudad de la música de Epsylon, y todos los términos Insekto se convierten en términos de Epsylon, sin quitar todo lo hecho bajo la denominación Insekto, como evolución a la raza humana como origen en la Galaxia epsylon tras años investigando las ra zas Insekto,pasamos a llamarnos Epsylonanianos.
(Preguntar aquí en Estalagem entradas al mundo subterráneo o cuevas que conozcan las gentes de aquí, o qye hayan oído hablar de esas entradas y ese existencia de ese mundo subterráneo, cualquier cosa nos servirá...hehe!!!.)

Al principio las razas insektivoras eran hostiles, o siguen siéndolo en su mayoría colaborando con los reptilianos y grises, luego una escisión de ellos se pasó al bando de los humanos ,es ésa escisión con la que yo he estado en contacto los últimos 15 años, ahora ellos mismos me señalan que el origen de la raza humana se encuentra en la galaxia Epsylon ,que son ellos los que me van a dar las respuestas, la guía, y que seguirán colaborando con nosotros(los insektos rebeldes) en el anonimato,fin de la historia, nuevo comienzo....hehe!!!.

Kahlil Gibran explica que la unidad en la amistad que llamamos anam cara derrota incluso a la muerte:
«Nacisteis juntos y juntos estaréis por siempre. Estaréis juntos cuando las alas blancas de la muerte esparzan vuestros días. Oh, sí, estaréis juntos incluso en el silencioso recuerdo de Dios».
Arkananos,pueden ver en 5d simultáneamente

El escudo Arkaniano que salva a la Tierra

"—Un explorador no es entrenado —dijo Deale—. Existe: medio acróbata, medio científico loco, medio escalador nocturno, medio... —Hay varios medios de más. —Apenas bastan. Un explorador es un hombre al que le gusta el cambio. "pag. 3 "Los Chasch- El Planeta de la aventura" Jack Vance.

"Q: Sua resposta à afirmação habitual de que a tecnologia é neutra.
Z: A Tecnologia nunca foi neutra, como uma ferramenta discreta desassociada de seu contexto. Tem sempre participado e expressa os valores básicos do sistema social no qual está embutida. A Tecnologia é a linguagem, a textura, a personificação dos arranjos sociais que ela mantém unida. A idéia de que seja neutra, de que é separável da sociedade, é uma das maiores mentiras existentes. É óbvio porque aqueles que defendem a armadilha mortal high-tech, querem que nós acreditemos que a tecnologia é de alguma maneira neutra."
Entrevista a John Zerzan en el libro "Futuro Primitivo" del cual es el autor.(Ed. Portugués)

John Zerzan

Portada del Libro de John Zerzan , "Futuro Primitivo" Ed. Portugués.
Cuando escribía esta parte me enteré del paso de la muerte de mi abuela Matilde, la que me cuidó y me mimó como
las abuelas hacen la que siempre me protegió, hasta el final, Gracias Abuela!!!.A tí te dedico mis palabras, a tu
alegría siempre imperecedera ,no será olvidada, esto va por tí....hehe!!! La Ciudad de los Juegos de
Epsylon.12/07/2014 Cal.Greg.

#Nosotros formamos parte de la Gran Madre Cósmica,de la Gran Madre Tierra, Gracias Gran Madre!!!.

El fenómeno alienígena es uma realidad.. John Carpenter (norte- americano, nacido en 1948), cineasta y guionista (y esta profesión ya lo hace sospechoso), em su película "Ellos Viven" (1988 - They Live) - cita antiguas creencias gnósticas que mencionan a los alienígenas llamados "Arcontes". Estas criaturas seriam parasitas que se visten de cuerpos humanos.

—conocido defensor de teorias de la conspiración alienígena, llama a esos 'receptáculos' orgánicos, que imitan perfectamente el físico humano de "robotóides". También pueden dominar la consciência de personas reales a trvés del control mental.En tales casos, eligen personalidades influyentes em todo el mundo.Existen teorias que incluyen a Adolf Hitler como parte de tales fantoches, usados para diseminar el caos y el terror en este mundo. * DAVID IKE. . Nacido en 1952, autor de 18 libros en los cuales expone sus ideas entre las cuales destaca la idea de la presencia de uma raza de reptilianos viviendo em la Tierra.Editor de la página Web : www.davidicke.com/

Otro investigador, Michael Salla, (australiano, nacido em 1958) - academico que pasó por la University of Melbourne, y por el Melbourne College of Advanced Education y PhD-Doctorado por la University of Queensland (1993) introdujo el concepto de Exopolítica en la literatura e investigación Ufológica y Exobiológica.
La Exopolítica trata, principalmente de como alienígenas, muchos ya infiltrados en la Tierra actuan en el médio político mundial para alcanzar sus objetivos,en general, poco éticos ,y por eso actuan seretamente justamente por el carácter dañino (para los humanos) de sus proyectos.
Salla va más allá en sus especulaciones.Él cree que los lideres políticos humanos tienen conocimiento de la presencia de los Arcontes em este planeta hace ya varias décadas. Habrían hecho acuerdos con estos alienígenas, y ahora se habrían dado cuenta que fueron engañados y que podría como resultado en el fin de la existencia de toda la especie humana.
Las ideas de Salla posiblemente ejercieron fuerte influencia en la serie de televisión científica , denominada "V" (de visitantes).Estos visitantes serían huespedes clandestinos aquí instalados durante mucho más tiempo del que nos podamos imaginar.La serie "V" que fue cancelada por la ABC-TV, exhibió en un episodio la siguiente declaración , a trvés de un personaje : "Los Visitantes (Arcontes,manipuladores) no llegaron aquí hace poco tiempo, ahora. Están aquí hace muchos años, y uma vez infiltrados entre nosotros, ellos han creado la inestabilidad sócio-económica y política en todo el mundo.Este es un Plan cuyo objetivo final es el exterminio de cada hombre, mujer y niño de la faz de la Tierra".
Ufólogos, Exobiólogos, Alien -arqueólogos, Exopolíticos nos dedicamos más o menos a lo mismo :
La incompetencia de la actual avanzada Humanidad en resolver problemas seculares en esferas sociales básicas como salud y alimentación es como mínimo, una situación sospechosa.. Lo mismo se aplica al inaceptable resurgimiento de la violencia de los conflictos religiosos y otras guerras.Es obvio que alguien está ganando con las miserias humanas,porque los medios para solucionar las carencias existen hace más de un siglo, por alguna razón que ninguna asamblea de la ONU consigue explicar, los recursos nunca llegan a los Estados de forma correcta.O bien atribuimos esta falta ,no solamente políTica-sino también moral, educacional y civilizacional , unicamente a un juego de intereses económicos llevados por alguna sociedad secreta de poderosos empresarios desalmados es algo equivalente a creer en la fantástica realidad
. Porque os meios para a solucionar as carências existem há mais de um século mas, por alguna razão que nenhuma assembléia da ONU consegue explicar, os recursos jamais alcançam os objetivos dos Estados direito: o bem

Atribuir essa falência , não somente poliNca—mas também ética, moral, educacional civilizacional— unicamente à jogos dos interesses econômicos con duzidos por alguma sociedade secreta de poderosos empresários desalmados é algo equivalente a acreditar na fantástica realidade dos malignos Arcontes alienígenas.

Se a guerra é lucrativa para alguns, e isso é um fato, também é fato que, no fim das conta s, é muito mais dispendiosa para a maior parte da Humanidade e o Congresso norte -americano poderia esclarecer com a autoridade da experiência quanto custa ser " o xerife do Mundo ". Meditemos...

AS NECESSIDADES DO MAL

Em meio aos argumentos desta teori a conspiratória, é impossível não perguntar por quê razão tais alienígenas, os Arcontes, estariam tão interessados no extermínio da espécie humana. Alex Collier, enciclopedicamente identificado como ufólogo porém, mais apropriadamente podendo ser do como uma vítima de alienígenas ou alguém que foi escolhido para ser contatado por extraterrestres, no caso, amigáveis.

É um personagem envolto em mistério. A. Collier é um pseudônimo. Seu verdadeiro nome seria Ralph Amigron ou Ralph Amagram. Este norte - americano, cuja biografia é praticamente desconhecida, afirmou que foi abduzido por extraterrestres provenientes da Const elação denominada Andrômeda-1.

Curiosamente, ele é desprezado pela maior parte da comunidade de Ufólogos. Somente alguns dão crédito às suas afirmações que, no entanto, são coerentes com a teoria da "conspiração Arconte".

Nem todos o contestam: ele tem o apoio de ufólogos editores de sites como Exopolitics Journal* and Galactic Diplomacy** que publicaram entrevistas com escritor. Collier relatou sua exper iênciaextraterrestre no livro " Defending Sacred Ground: The Andromedan Compendium " (escrito em 1996, editado em 1997 disponível na internet, em *pdf IN http://www.exopolitics.org/collier-dsg1.pdf).

Extratos do Andromedan Compendium, entrevistas em vídeo (em inglês),palestras transcritas e muitas outras informações sobre o assunto e o autor também

encontradas no site Biblioteca Pleiades *** - que contém textos em espanhol, inglês e italiano.

Exopolitics Journal (http://exopoliticsjournal.com/vol-2/vol-2-2-Collier.htm)

Galactic Diplomacy (http://exopolitics.org/Contactees-Collier.htm - fora da

Biblioteca Pleiades (www.bibliotecapleyades.net/)

No livro e entrevistas que concedeu a jornalistas, Collier explica que os Arcontes são parasitas mentais - emocionais. As energias negativas emitidas pelas multidões humanas funcionam, literalmente, como alimento para a manutenção da vida e saúde desses Arcontes sendo fundamentais, inclusive para a procriação da espécie.

É para obter tais energias em quantidade suficiente capaz suprir suas necessidades vitais que os Arcontes têm interesse em promov er todo o tipo de horror na Humanidade incluindo, entre as atrocidades, o fomento de mega - guerras, as Guerras Mundiais.

A essa altura da História da presente Humanidade, promover uma Terceira Guerra Mundial é a operação final neste planeta. Com ela, est es extraterrestres pretendem obter uma quantidade fabulosa de força vital por meio da completa e intensamente dolorosa aniquilação da espécie humana.

LEMÚRIA & ATLÂNTIDA

Alex Collier. Fotografia publicada no Exopolitics Journal

No livro, Collier, Collier fala de uma "história secreta da Terra" ou, ainda, de uma Antropogénesis desconhecida que inclui muitas idéias tradicionais da Ufolo e Exobiologia tais como, a existência e influência do misterioso planeta Nibiru sobre a a formação da espécie humana e de catástrofes capazes de aniquilar uma população mundial inteira; e também: reptilianos, aliens Gray e a relação desses temas com Ci vilizações míticas, desaparecidas como Lemúria e Atlântida.

Em declarações públicas, nos anos de 1990, Collier dizia que estava sendo perseguido, censurado e por isso, seria forçado a esconder -se, manter-se na "obscuridade".

De fato, a partir de 1º de abril de 1994 ele não mais foi visto. Um bilhete foi encontrado, atribuído a Collier —no qual ele dizia que estava indo refugiar Andrômeda. Reapareceu, supostamente, em 25 de dezembro. Morto. O corpo nu que, na época, foi reconhecido como sendo d e Alex Collier, estava coberto por uma substância "oficialmente" identificada como "manteiga de amendoim". Meditemos...

Mas o mistério Collier ainda não tinha terminado. Mais tarde, esta morte espetacular revelou -se, no mínimo, um engano. De acord o com o que pode ser lido na Exopolitics Journal (link acima, no box) - em 2002 Collier estava vivo o bastante para proferir sua última palestra no circuito de Conferências UFO divulgar mais um livro: Defending Sacred Ground II, ET 22. Na página encontra-se uma fotografia do escritor.

ALEX COLLIER . IN Wikipedia/english. Acessado em 04/03/2012.

http://en.wikipedia.org/wiki/Alex_Collier_%28UFOlogist%29)

ALEX COLLIER . IN Wikipedia/spanish. Acessado em 04/03/2012.[http://es.wikipedia.org/wiki/Alex_Collier]
, Alex. Defending Sacred Ground: The Andromedan Compendium The Story of Alex Collier and hislifetime personal
contact with the Zenetaenculture from Andromeda. IN Exopolitics.org, acessado em 04/03/2012. Colorado, USA:
Brotherton Press. Val Valerian & Moran ey and Vasais of Andromeda: January 1997/July 1998
, David. UFOs: Government by Deception, Lack of Human Control over our own planet Earth.</br>IN Canadian
National Newspaper, publicado em
http://www.agoracosmopolitan.com/news/ufo_extraterrestrials/2012/02/09/2900.html]
Claramente definiríamos que efectivamente nuestra esfera mental, sueños,inconsciente,el alma, espíritu o nuestra
vida 4D ,quién puede negar la existencia de la mente? Realmente es un tablero de batallas entre fuerzas
aparentemente invisibles pero reales no-humanas que drenan la energía de los seres humanos desde hace milenios-
millones de años, y aliados con humanos corruptos o clones fabricados o teledirigidos por nanochips instalados-
impuestos por los gobiernos y que provocan nuestro malestar,los crímenes, las simulaciones, los atentados
creados por los estados o no..Algunos hemos salido de esa trama,eso es suficiente, por eso estas palabras son tan
importantes, las primeras de una nueva Edad ,sin poderes,sin gobiernos, sin partidos políticos, sin sindicatos, sin
ejércitos, sin policías, sin ONG s, sin Estados, solamente seres humanos con sus plenos super-poderes recuperados,
poderes normales sino existiera el control y el dominio de la conspiración Illuminatti-Reptiliana-Zeta Grey-La
Máquina, por eso estas palabras significan el fin del Sistema, de La Máquina,porque transportan mucho más que
palabras, gracias a todos y a todas...hehe!!!.
-"In the Year 2525" lyrics,la letra...
"El sistema matrix llamado Spectrum es trasladado a Nibiru llamado ahora, "la luna", para que el sistema pueda
ser controlado desde ahí, y evitar ser rescatado por los atlantes, lemures y Anunnakis que todavía se encuentran
refugiados en X1 en una guerra de guerrillas.(...) Los atlantes, lemures, científicos y Anunnakis se ocultaron en las
llamadas ciudades intraterrenas y desde ahí están en vigilancia y ayuda de que el humano descubra su potencial y
libere su conciencia para que nos liberemos del programa y ellos puedan salir de esta matrix holográfica
planetaria.
Ellos desde la clandestinidad tratan de contactar a los hermanos dormidos en cuerpos humanos, para que
despierten y se ayuden formando una masa crítica de conciencia, nos quitemos el yugo opresor que no nos deja
despertar de este sueño con ensueños. " El Gran Plan Divino, Joaquín Tornell, pag. 24-25
Los Casiopeanos nos esperan, pues son nosotros mismos en el futuro y los enlaza con mis contactos en el Siglo
XXIX. Qué es lo que ocurre entre el 2013 y el Siglo XXIX a la raza humana ?
Cuando comencé a plantearme esribir un libro que relacionase el núcleo de mis investigaciones que unen la
Espiritualidad, la Ufología, la Exopolítica y el Cambio de Paradigma, se me inició en mi mente un proceso diferente,
digamos, debía dejar Las Crónicas Insekto pues mi colaboración con los Insektos había terminado según ellos
mismos me declararon y debía profundizar en mis nuevas relaciones con los de Epsylon, eso me suponía un dilema
moral, cómo iba a dejar a mis compañeros Insekto, una escisión amistosa de los humanos y navegar ahora con mis
colaboradores, perfectos en su ayuda pero muy esquivos en sus demostraciones o muestras públicas? Y ahí es
donde me dijeron ellos mismos que por eso necesitaban este libro, para hacerse públicos todavía más, y que al
pertenecer Jesús a la Genealogía de esta raza humana perdida en el Espacio, tras las Guerras de Lyra, llegamos a la
Galaxia Epsylon.Que todo lo que había investigado en realidad era Epsylonaniano y que debía enlazarlo con las otras
investigaciones en el terreno de la Casa de jesús, de su linaje que une a todas las razas de la Tierra y a los seres de
Epsylon, uno de ellos, o nosotros, y que ellos, los de Epsylon somos nosotros mismos en el futuro, esa idea ya la
había oído en algún vídeo de Youtube ,en que se decía lo mismo de los de Casiopea, sino que ahora debía unir mis
descubrimientos del Siglo XXIX y nuestro futuro como raza con la venida de uno de los de Epsylon, Jesús, y que
ellos seguían manteniendo la llama en lo alto, "La Mayor Luz del Cosmos" me repiten una y otra vez, Cómo negarme
a tal empresa?Así que me tomó una semana realizar el esquema necesario o exoesqueleton de la obra,lo cual me
suele tomar un día o 2 ,y ahora es el momento de que empiezo a escribir.He de decir que para mí este libro es una
conmoción, que rompe con todo lo que hasta ahora había conocido pues intenté alejarme lo máximo de las religiones
y su contexto controlador, poco a poco me fueron tranquilizando señalándome que ellos solamente venían a traer
un mensaje y que lo que los reptilianos u otras razas hostiles hicieron no era responsabilidad de ellos, eso quitaba
autonomía a nosotros como raza humana, en medio de dos fuerzas cósmicas tan terribles y poderosas que tenían
nuestra casa como campo de batalla, de juegos o de qué?.La importancia de nuestro planeta excede con mucho lo
que podemos imaginarnos así como su edad, así omo su adecuación milenaria en el Cosmos, en realidad no sabemos
nada...La propia Conquista de América fue un evento destinado a unir a las razas cósmicas afines a los humanos,
pero fue tergiversada por el otro bando, dándose las matanzas y depredaciones,las tribus originarias de América

están genéticamente emparentadas con la familia de Jesús, es una idea que me repiten una y otra vez, así que ya tenemos todo el Plan...En la Antigua Lemuria éramos una unidad, una sola raza, que se escindió,algunos de nuestros compañeros huyeron al interior y crearon las ciudades Intraterrenas.Hasta ahora,siguen allí,y antes de Lemuria los de Epsylon ya habían llegado aquí a establecer contacto, viendo los acontecimientos venir decidieron enviar un explorador que diera un mensaje a la humanidad, un enviado, y Jesús se presentó voluntario, ello rompe todas las creencias y supersticiones que se crearon alrededor de su figura, así como la Religión consecuente, ellos me señalan que no tienen nada que ver con sus enemigos acérrimos los de Orion, y que transformaron su mensaje en un fanatismo sangriento.De hecho el transporte de tecnologías que Jesús llevó consigo aún existen, entre nosotros, es decir que vino cargadito de tecnología Alien y que tras su "muerte" las dejó en la Tierra hasta el momento presente.Esto cambia completamente nuestra historia y todas las investigaciones que se han llevado a cabo sobre él, la veneración ritual a jesús nos ería por un crecimiento espiritual sino por un acercamiento y conocimiento de tales tecnologías, "perdón de los pecados", "me llamaréis y allí estaré" ubicuidad ,etc...Es por ello que la vibración de este libro es también muy alta pues no es solamente un estudio aséptico sobre la figura de Jesús, sino un acercamiento a la Luz que traen los de Epsylon, y una parte de la misma, de sus tecnologías, a través de mis palabras.Tampoco era un estudio ufológico sobre un jesús clónico abastecido por los servicios secretos de los Gobiernos y los Grises/Reptilianos sino lo contrario,un contrato con el Planeta Tierra para integrarse en la Gran Resistencia Cósmica en contra de la oscuridad de los Draconianos y Grises y demás razas hostiles a los humanos.Ahora véía claro el panorama completo: El porqué debía escribir este libro en este momento, en plena confrontación del 99% del mundo contra sus 1% de élites Reptilianas/Grisaceas , el porqué aquí en América del Sur, y el porqué todo ello conlleva una importancia enorme de rebeldía y revolución para liberar a los humanos a través del Conocimiento, un concepto Accuariano a tope, si Jesús vino en aquella ocasión con un Mensaje de Amor Incondicional, en esta ocasión Jesús se hace más Acuariano y libera todas sus tecnologías, se hace disponible, existente y real, enseñandonos que él no es el único sino que forma parte de muchos más compañeros como él, Epsylonanianos, y que ha llegado el momento de aparecer para ellos, de sus naves, de conocer cómo se visten, etc...Durante las 3 semanas previas a la escritura de este libro recibí una fuerte iniciación, praccticamente durmiendo todo el tiempo, alejándome de una vida normal, transité el momentum con aprensión pero esperanza, sabía que lo que venía iba a ser importante y que debía estar preparado,es así que funciona, cómo funciona.Todos estamos metidos dentro de esta historia, formando parte, todo lo que nos ha pasado, en nuestras vidas, las misiones de nuestras familias,todo...Nadie se salva de este momento.Desenmasccarar al Jesús supersticioso y dotarle de cara,rostro y traje Epsylonaniano no será fácil, pero creo que es una investigación ambiciosa, creo que la más ambiciosa en la que me haya metido, y que yo soy el único por mis condiciones en poder escribirlo, por esa excepcionalidad...Unir mi sangre gitana con las razas cósmicas no será difícil, muchos links con Sirianos en Egipto así se confirman, así como su papel de guerreros y genéticamente poseedores de parte de este mensaje a la vez.Reunir las diferentes partes del Mensaje en Una sola fue lo más difícil para mí, como os digo una auténtica maniobra de alto riesgo, reunir los trozos del Puzzle Cósmico ,verlos imbricados y en una unidad en forma de libro es algo realmente épico.Durante años medité sobre las implicaciones del libro de Dan Brown "El Código Da Vinci",el enclave de Rennes le Chateau, María Magdalena, la Sara Kali de los gitanos, Merovée, y esa rama génica la tenía bastante definida, pero me faltaba algo, el otro trozo de Jesús estaba en América, por eso el afán evangelizador de los españoles, no buscando solamente el Dorado sino el mayor tesoro: El Linaje perdido de Jesús, todos buscaban lo mismo, los Jesuítas contactaron con los Guaraníes y ocurrió el milagro, los Guaraníes habían sido durante miles de años los guardianes del mundo Intraterreno y allí se unen a Lemuria y ahora en estos momentos siguen trabajando con estas razas y con las que están viniendo a ayudar a los humanos para integrarnos a la Gran Resistencia Cósmica,las implicaiones son grandiosas, fantásticas, extraordinarias,únicas,peligrosas y a la vez necesarias.Creo que en un marco general queda clara la enormidad del abasto del libro.Ahora todo está claro.

He de decir que en estos lugares donde el encuentro intraterrestrres-humanos es más intenso por la existencia de entradas al mundo subterráneo,los sentimientos biocidas son también mayores,los gobiernos disparan sus lanzas de muerte sobre estos lugares con más profusión, como en Chiapas, o en Matto Grosso do Sul zonas de amplia habitación intraterrena y consecuentemente humana a la par.Ello no nos intimida, aunque el número de crímenes y asesinatos sea mayor en la superficie, no nos intimida, el link permanece.Y es en estosmlugares donde el Link intraterrestres-tribus originarias-hermanos de las estrellas es tremenda, y por ahí aparece jesús Cósmico, no el asesinado sino el resucitado, no como figura religiosa sino como ser real, extraterrestre hermano.

DOS MANTRAS :

El mantra de Padmashambhaba llamado el Mantra Vajrá Gurú "OM AH HUM VAJRA GURÚ PADMA SIDDHI HUM" y en Tibet se pronuncia : "«Om Ah Hung Benza Gurú Pema Siddhi Hung»

Este es el mantra de Avalokiteshvara el Buda de la Compasión "OM MANÍ PADME HUM HRIH" y en el Tíbet se pronuncia "«Om Mani Peme Hung»

Durante una experiencia con "Salvia Divinorum " de los indios Mazatecas pude ver las "autopistas de circulación la atmósfera", todo el aire ,la atmósfera de nuestro planeta se encuentra circundada por autopistas de 1.5 metros por 1 metro que son como tubos de comunicación, es decir que no existe el vacío , sino que está cubicada la atmósfera, son grandes tubos cuadrangulares que están unidos unos con otros en ramificaciones y por los que se puede circular, es así que vuelan los pájaros, por rutas ya marcadas, y otras entidades en 4D y 5D, esa experiencia me marcó fundamentalmente y quería traerla a este libro para unirla con nuestras investigaciones, y saber lo poco que sabemos y lo mucho que nos queda por investigar y el mal que están realizando y han realizado las religiones para controlar en ves de abrir los canales de investigación de los seres humanos con las realidades reales que nos circundan...bueno también vía dos amigos como personajes de los simpson, impresionante!... pero eso forma parte de las capacidades infinitas de la "salvia divinorum"...hehe!!!.

#Yo he venido aquí a Brasil a acabar con esta mierda que ya se há llevado a unos cuantos amigos y seres queridos em Valencia y españa, el Candomblé, la magia negra o hechicería Africana, la "religión" como lo llaman ellos, he venido a su núcleo para acabar y arrasar con todos los de su raza...hehe!!!

CARTAS DESDE EL EXILIO (Y CIENTOS MÁS)
ANTES LA IZQUIERDA REPRESENTABA ALGO, CON EL TIEMPO EL MENSAJE ORIGINAL SE HA DEGENERADO HASTA EL PUNTO DE SER EL MISMO MENSAJE QUE LA DERECHA, REALMENTE DESDE EL PRINCIPIO ERA CORRUPTIBLE PORQUE REPRESENTABA LA OTRA CARA DE LA DERECHA, NO UNA REVOLUCIÓN REAL, FUERA DE LOS OPUESTOS PRIMORDIALES SURGE LA FUERZA UNA, LA VERDADERA REVOLUCIÓN QUE OPERA EN LOS CORAZONES Y EN LOS SUEÑOS DE HOMBRES Y MUJERES DEL MUNDO, UNA REVOLUCIÓN FELIZ, SIN PARTIDOS POLÍTICOS, SIN SINDICATOS, SIN ONGS, UNA REVOLUCIÓN DEL PUEBLO, PARA EL PUEBLO, DESDE EL PUEBLO, DESDE EL 99% HACIA EL 99%, ELLO NO NECESITA DE SÍMBOLOS, COMBRES, BANDERAS O CONSIGNAS, PORQUE NO OPERA EN LA TESIS ANTITESIS DE HENGER ,SINO MUCHO MÁS ALLÁ DE LA SÍNTESIS , NUESTRA PROPUESTA GENERÓ EL #15M, ANONYMOUS,PERO LA PROPUESTA REAL VA MUCHO MÁS ALLÁ DE ESO, Y SOLAMENTE ÉSTAS FUERON UNA SOLUCIONES EN EL MOMENTO, AUNQUE FUERAN MOMENTÁNEAS FUERON ASEQUIBLES Y PUEDEN PROSPERARSE EN EL FUTURO, NO LO NEGAMOS, REALMENTE NO LO HACEMOS, SIMPLEMENTE QUERÍA SEÑALAR LA VISIÓN QUE ME HACE VER UN POCO MÁS LEJOS Y VISLUMBRAR NUEVAS Y NECESARIAS SOLUCIONES, SÍ, SIN LÍDERES, PERO CON PORTAVOCES VÁLIDOS QUE LOS HAY, PARA LOGRAR ESA NECESARIA TRANSFORMACIÓN, DE LO QUE ESTOY SEGURO ES DE UNA COSA, ESTA VEZ LA REVOLUCIÓN NO SERÁ DEGENERABLE, PORQUE NO SE BASA EN LAS PREMISAS REVOLUCIONARIAS ANTERIORES, NO QUEREMOS CAMBIAR NADA, SOLAMENTE TRANSFORMARLO TODO, LA FORMA EN QUE PIENSA LA GENTE, SU MODO DE VER LA REALIDAD, DESTRUIR LAS INSTITUCIONES DESDE DENTRO, DESDE EL MOMENTO EN QUE HACEMOA PARTE DE ELLAS Y ESTABLACER ESA DIALECTICA NUEVA NEGÁNDONSO A SER ASIMILADOS, EL ENEMIGO NO ES HUMANO, TENEMOS QUE VER LA REALIDAD, EXISTEN UNA SERIE DE RAZAS EXTRATERRESTRES EN NUESTRO PLANETA CON EL ÚNICO FIN DE DESTRUIR LA RAZA HUMANA, Y PARA ELLO COLABORAN CON LOS GOBIERNOS, PERO EL ENEMIGO NO SON LOS GOBIERNOS EXACTAMENTE, SINO ESAS RAZAS EXTRATERRESTRES, TENEMOS A NUESTRO LADO MUCHAS AYUDAS DE RAZAS AMISTOSAS QUE LO OFRECEN SIN PEDIR NADA A CAMBIO, COMO SINO PUDIMOS REALIZAR LAS REVOLUCIONES DEL #15M, PRIMAVERAS ÁRABES SIN ZAFARNOS DE LOS REPTILIANOS-ILLUMINATTI Y LA MÁQUINA? Y LOGRAR LA UNIÓN NATURAL A TRAVÉS DE TÁCTICAS NUEVAS EXTRATERRESTRES? PIENSEN SOBRE ELLO, PORQUE NO ES EXOPOLÍTICA EXACTAMENTE, LAS HABLA LA RESISTENCIA!!!...HEHE!!!